AF234120

HISTOIRE

DES TULIPES.

IMPRIMERIE DE P. DIDOT, L'AINÉ,

CHEVALIER DE L'ORDRE ROYAL DE SAINT-MICHEL,

IMPRIMEUR DU ROI.

HISTOIRE DES TULIPES

par

CHARLES MALO,

avec 12 planches en couleur,

Dessinées par P. Bessa.

PARIS

LOUIS JANET, LIBRAIRE,

Rue St Jacques No 59.

AVIS DE L'ÉDITEUR.

L'accueil flatteur que les dames ont daigné faire à notre *Histoire des Roses*, nous a suggéré l'idée de composer pour elles une *Histoire des Tulipes*, que nous recommandons aujourd'hui à la bienveillance des amateurs de ce genre de plante.

Quelques botanistes distingués nous ont aidé de leurs conseils et de leurs lumières : nous nous plaisons à leur rendre ici cette justice.

Le Roi des Cramoisis, le Comte du Nord.

HISTOIRE DES TULIPES.

ORIGINE

FABULEUSE ET HISTORIQUE.

Ce nom de *tulipe*, que portent également la plante et sa fleur, n'est pas d'une date aussi ancienne que la découverte de la fleur même. La tulipe n'avait originairement aucune dénomination caractéristique; on la rangeait, faute de mieux, dans la classe des narcisses. Conrad Gessner en donna le premier, en 1560, une description satisfaisante. Il imagina de l'appeler *tulipan*, à cause de la ressemblance que cette fleur lui parut avoir avec la coiffure des Esclavons, que les Turcs nomment *tulipans*. Un autre auteur a pensé que le premier nom que les Turcs lui donnèrent, fut celui de *tul-ban* (bande de tête) ou *turban* (en réunissant ces deux mots), ornement dont les Turcs sont très fiers. Par des variations qui arrivent assez souvent dans le langage, on en aura fait le mot tulipe, qui dès-lors n'a plus varié.

Si nous voulons avoir la bonté d'en croire les anciens, cette fleur, aujourd'hui l'ornement de nos jardins, était jadis une jeune fille de Dalmatie, dont la mère passait pour être nymphe d'une rivière d'Italie, nommée *la Brente*. La belle avait un goût particulier pour la variété des couleurs; Vertumne, en faveur de cette fantaisie, crut pouvoir lui plaire; mais hélas! il eut beau déclarer sa noblesse, parler fort longuement de son amour, la nymphe demeura insensible. Il est probable que Vertumne, sans avoir égard aux refus cruels de son amante, tenta d'autres moyens de séduction, puisque la pauvrette fut forcée d'invoquer les dieux, qui, pour la récompenser probablement de sa chasteté, la métamorphosèrent en fleur!.. singulière récompense! Ainsi donc, cette longue tresse de cheveux

blonds qui captivaient les cœurs, ces bande-
lettes délicates qui ceignaient une tête charmante, sont soudain changés en feuilles;
la taille la plus fine devient une tige élégante, et la fleur qui la couronne déploie
toutes les couleurs brillantes dont se pare
la nature; car, toute métamorphosée qu'elle
est, cette jeune nymphe conserve encore
ses goûts primitifs.

Mais laissons de côté la fable menson-
gère, et consultons l'histoire. Les anciens
sont peu d'accord sur l'origine de la tulipe.
Gessner, dont je viens de parler, fait honneur à la Dalmatie de plusieurs espèces de
tulipes. Dodonée fait mention de celles de
la Thrace et de la Cappadoce. Lécluse a dé-
couvert des tulipes sur l'Apennin, en Italie.
On en a également trouvé à Montpellier et
sur les montagnes d'Auvergne. Un autre
auteur veut nous persuader qu'elles sont
venues originairement de l'Inde Orientale,
et en particulier, de l'île de Ceylan et des
confins de la Chine, où elles croissent en
abondance dans les champs; elle est au

reste très commune en Tartarie, où les originaires la connaissent sous le nom de *Lale*. Un autre écrivain établit enfin leur domicile à *Caffa*, assurant que de là elles sont venues à Constantinople. Que penser de toutes ces suppositions? Ce que l'on peut assurer, c'est que ce fut entre les mains des Flamands et des Hollandais que parurent les premières belles tulipes. Ce fait servirait à éclaircir un peu l'obscurité de leur origine. Les Portugais les auront été primitivement chercher aux Indes, pour les communiquer aux Flamands qui nous les ont fait passer.

L'Eucharis, la Reine de france.

HISTOIRE DE LA TULIPE

CHEZ LES DIFFÉRENTS PEUPLES.

Je viens de dire que ce fut chez les Flamands et les Hollandais que parurent les premières belles tulipes. Je dois ajouter que, chez ces derniers, pendant l'année 1634 et les suivantes, ces fleurs devinrent l'objet d'un trafic singulier. L'on voyait des bourgeois quitter leur commerce et leur boutique, pour cultiver des tulipes. De minces carreaux s'évaluaient jusqu'à des 15 et 20,000 francs; et de simples fleurs étaient vendues comme les pierreries et les bijoux les plus précieux. Citerai-je le trait d'un Hollandais qui donna pour une seule tulipe, surnommée le *vice-roi*, trente-six setiers de froment, soixante-douze de riz, quatre bœufs, douze brebis, huit cochons, deux muids de vin, quatre tonneaux de bière, deux de beurre, mille livres de fromage, un lit, des habits, une grande tasse d'argent, le tout estimé 2,500 florins de Hollande, c'est-à-dire plus de 5,000 fr. de notre monnaie. Juste ciel! 5,000 fr. pour une fleur! et encore est-il bon de dire qu'il y avait concurrence: en effet, un autre *foutulipier* avait proposé en échange de la même tulipe, douze arpents de bonne terre. Il faut avouer, raillerie à part, que le fermier Hollandais venait de faire une spéculation bien avantageuse. Mais, ce n'est pas tout encore:

Un habitant de Bruxelles possédait un petit jardin dans lequel, par une vertu singulière, les tulipes simples se changeaient en belles tulipes panachées. On apportait de tous côtés à cet homme des racines de tulipes pour être élevées chez lui; et l'on assure que l'entretien de toutes ces petites pensionnaires était taxé à un très haut prix.

A Lille, un amateur donna, pour un oignon de tulipe, une brasserie, qui porte encore aujourd'hui le nom de *brasserie de la tulipe;* enfin, la folie des tulipes fut si grande, que les états-généraux ayant trouvé qu'elle était également nuisible aux particuliers et au commerce, y mirent un frein par des lois très sévères; et il était vraiment temps: car, pendant l'année 1637 seulement, on observa qu'il en avait été trafiqué pour plusieurs millions.

Nonobstant le goût des Hollandais pour les tulipes, il est une nation qui s'en montre encore plus curieuse, c'est la nation Turque. Tous les ans, au mois d'avril, on célèbre chez le Grand-Seigneur, avec une grande solennité, la fête des tulipes: elle est donnée par les sultanes. Ce jour-là, le sérail et les jardins sont illuminés et remplis de tulipes posées en amphithéâtres sur des gradins.

En Perse, la tulipe est, par sa couleur, l'emblème des parfaits amants. Quand un jeune homme présente une tulipe à sa maîtresse, il veut lui donner à entendre qu'il a, comme cette fleur, le visage en feu et le cœur en charbon.

Il n'en est pas de même en France, et le

don d'une tulipe ne signifie rien du tout. Les premières tulipes qui parurent à Paris, furent apportées, dit-on, par M. Cambier, de Lille. Dès-lors un certain M. Lombard les y cultiva avec tant de soins que les tulipes des Flamands ne parurent plus belles. Mais cet homme les possédait en avare jaloux, et ne les voulait communiquer à personne; enfin, il eut la complaisance d'accepter plusieurs milliers d'écus de messieurs Saint-Mory, Desgranges et Machaud; et bientôt ces belles tulipes, d'abord si rares, passèrent en d'autres mains. Même avant le mariage de Louis XIV, les Parisiens cultivaient des tulipes chez eux.

L'idée de former ce que nous appelons des plants de tulipes est due à M. de Valnay, contrôleur de la maison de Louis XIV.

Il résulte de tout ce que je viens de dire, que nous cultivons les tulipes depuis plusieurs siècles; mais comment les cultivons-nous? Faisons-nous des fêtes comme les Turcs, ou bien comme nos voisins les Hollandais? Avons-nous sacrifié jamais bénévolement la fortune même la plus modeste pour le plaisir de posséder une belle tulipe?.. De temps à autre, vous rencontrez bien, à Paris, quelques amateurs : mais, en général, leur passion est si réfléchie, leurs desirs si tièdes, qu'en vérité l'on ne peut décemment en parler, et c'est à regret que je me vois forcé d'avouer que, sans les Vilmorin, les Drieux, les Féburier, comme aussi sans quelques amateurs distingués, tels que MM. Lixon, Daunel, etc., etc., la gloire des tulipes serait presque flétrie en France ; et cependant, à cause de sa beauté, la tulipe devrait être une des fleurs les plus recherchées des amateurs.

~~~~~~

DESCRIPTION DE LA TULIPE.

Cette plante a des racines fibreuses placées circulairement à la base de l'oignon,
lorsqu'il végète. Cet oignon est plus ou
moins gros, plus ou moins arrondi, suivant les espèces ; mais, en général, il s'a-
platit du côté que la tige occupe, et d'où
naissent les caïeux du même lit. Cet oignon
est quelquefois plus alongé par le haut,
mais toujours plus large que le bas, surtout
aux espèces précoces. Son corps est un composé de tuniques qui s'emboîtent les unes
dans les autres. Celles du dedans sont un
peu molles et fort blanches; celles du dehors sont plus fermes et d'un gris ou clair
ou foncé; au surplus, on leur trouve une
sorte de duvet souple et frangé, semblable
à la bourre qui couvre les châtaignes, sous
l'écorce extérieure du fruit. La nature en a
pourvu de même quelques tulipes, comme
~~~~~~

Le Léopold, L'Agréable.

d'une fourrure, pour les garantir de plusieurs accidents.

Les feuilles que l'oignon pousse paraissent variées suivant l'espéce; elles sont passablement larges dans les unes, médiocres dans les autres, enfin étroites en certaines, mais toujours épaisses et dures ; leur vert tient un peu du bleuâtre ou de la couleur du poireau; elles sont pointues par le bout, et quelquefois comme ondées sur les bords. Les feuilles qui sont près de terre, sont les plus larges.

Du milieu de ces feuilles sort une tige ronde, verte, moelleuse, ferme, accompagnée de quelques feuilles dont le nombre varie selon les espéces. Ces feuilles ressemblent aux premières en tout le reste; hors qu'elles sont beaucoup plus petites; on les peut remarquer assez souvent comme poudrées d'une apparence de farine ou poussière, ainsi que les autres feuilles basses. La hauteur des tiges varie suivant les espéces.

Ces tiges sont terminées par une grande

fleur qui se soutient droite sans aucun appui, même d'un calice. En général, cette fleur est composée de six pétales; quelquefois cependant, mais rarement, en a-t-elle sept ou huit. Ces pétales sont obtus ou pointus par leur extrémité (je parle de la simple). La forme de toute la fleur, prise ensemble, est à-peu-près celle d'un gobelet large par sa base, un peu renflé vers son milieu en forme d'urne, et évasé par le haut.

Du fond de ces vases il sort des filets ou plus exactement des étamines, dans la même proportion que la fleur a de feuilles, c'est-à-dire que, si la couleur de ces étamines varie en jaune plus ou moins chargé, en brun ou en noirâtre, en blanc, chacune d'elles porte son sommet qui en termine l'extrémité élargie, aplatie en languette, et partagée en deux bourses garnies d'une poussière fine.

Au centre de ces étamines paraît un pistil, appelé encore *pivot*, qui grossit à mesure que les feuilles lui cèdent la nourriture qu'elles attiraient pour leur entretien.

Lorsque ces fleurs sont passées, le pistil devient un fruit membraneux, oblong et triangulaire, divisé en trois loges, remplies ordinairement, chacune, de deux rangs de semences orbiculaires, unies, cartilagineuses, rougeâtres, fort aplaties, posées les unes sur les autres. Dans sa maturité, ce fruit s'ouvre, par la pointe, en trois quartiers. Sur quelques tulipes, ce fruit est beaucoup plus arrondi, mais au surplus il ne varie point pour la disposition.

BEAUTÉS D'UNE TULIPE.

Une tulipe qui passe pour être belle, a, pour l'ordinaire, six feuilles : trois dedans, trois dehors, toutes bien épaisses. Les premières doivent être plus larges que les autres.

Une forme camuse dans une tulipe est préférable à celle qui se termine en pointe, et dont le bas est proportionné en largeur au haut. Il faut que celui-là monte en s'évasant un peu.

Quand une tulipe a sa forme et son vert médiocrement grands, c'est une bonne marque, ainsi que lorsque sa largeur y est proportionnée, que le vert paraît un peu frisé et accompagné de petites rayures.

Toute tulipe qui paraît belle lorsqu'elle entre en fleur, n'est point estimée; il faut attendre deux ou trois jours après, pour en juger plus sainement.

La nouvelle Connaissance ;
La Romance Gouffier.

Lorsque le calice d'une tulipe s'ouvre avec des feuilles renversées en dedans ou en dehors, on n'en fait point de cas, ainsi que lorsque les feuilles sont trop minces.

Les tulipes dont le calice a *peu de dos*, sont à préférer à celles qui en ont beaucoup.

Entre les tulipes les plus estimées, on fait cas de celles dont le coloris est lustré et satiné. Les rouges de couleur de feu, à fond blanc, les bizarres, les panachées avec fort incarnat, et les jaunes panachées de gris, sont les plus belles.

On fait cas des tulipes à petit fond, parceque les panaches qui y naissent, en sont toujours beaux, principalement quand ils sont d'une même couleur dedans et dehors.

Toute couleur dans une tulipe est agréable à la vue, lorsqu'elle n'est point brouillée sur la plaque, ou que les panaches en sont bien partagés.

Pour qu'une tulipe soit sans reproche, il devient essentiel que ses étamines soient de couleur brune et non pas jaune. Pour les *pivots*, il importe peu comme ils sont.

Il faut que les pétales de la tulipe soient épais, étoffés, parcequ'alors elle se conserve plus long-temps ; autrement, quand ces pétales sont minces, ils se trouvent bientôt ou grillés par l'ardeur du soleil, avant de se bien épanouir, ou bien ils durent fort peu.

Au résumé, voici, pour l'amateur, les traits caractéristiques et généraux qui constituent, le plus communément, la beauté d'une tulipe : c'est moins la multiplicité des couleurs que leur éclat et leur vivacité, qui rend la tulipe intéressante ; loin de s'effacer les unes les autres, ces couleurs doivent se prêter un mutuel appui. Les panaches qui, naissant du fond, s'élargissent en montant vers le haut des feuilles, produisent le plus agréable effet. Les pièces détachées n'ornent pas moins, quand elles percent au travers de la feuille, et brillent de chaque côté. Le fond le plus beau doit être d'un bleu céleste, les étamines d'un bleu foncé, la tige d'une taille moyenne et ferme ; la fleur

d'un volume moyen et de grandeur proportionnée, plus longue que courte ; les
feuilles ou pétales doivent, pour plaire, se
renverser, quelque peu, en dehors, à la fa-
çon des cloches.

ESPÈCES ET VARIÉTÉS.

Qui pourrait se flatter jamais d'offrir une nomenclature complète des diverses espèces de tulipes connues, et sur-tout des innombrables variétés auxquelles la culture a donné naissance? Les sortes les plus communes sont les blanches, les jaunes et les rouges. Parmi ces dernières, les unes sont foncées, les autres claires, celles-ci éclatantes, celles-là faibles.

On a divisé, depuis long-temps, les tulipes en *printanières*, *tardives* et *médionelles*. Moins précoces que les premières, moins lentes que les secondes, ces dernières sont diversement coloriées. Les printanières sont fréquemment de plusieurs couleurs : on en voit de parfaitement belles en panachées ou en bordées, c'est-à-dire, d'une couleur fort éclatante, le bord grand et coupé net. Ces *printanières* fleurissent com-

La Violette en Prune,
du Jean Jacques Rousseau.

munément un mois avant les autres. Les tulipes *tardives* sont plus estimées que les blanches, jaunes et rouges. Ce sont des paresseuses qu'il faut respecter : elles viennent plus tard, parcequ'elles ont travaillé davantage à s'embellir des couleurs les plus vives et les plus éclatantes.

On distinguait autrefois les tulipes en *glacées*, *panachées*, *agates*, *marquetines*, *fantasques*, tulipes *jaspées*, *rayées*, etc. Les tulipes *glacées* avaient une ombre de moindre couleur que celle de la fleur. Les tulipes *panachées* se subdivisaient en *paltots*, de couleur rouge et jaune, blanche et rouge, du reste peu prisées ; en *paltodys*, de mêmes couleurs, mais plus fines ; en *morillons*, de deux couleurs qui donnaient, à leur tour, des *morillonis*, variété plus délicate ; les tulipes *agates* avaient semblablement leur variété connue sous le nom d'*agatines*. Quant aux tulipes *marquetines* ou *marquetrines*, elles l'emportaient incontestablement sur toutes les autres ; c'est elles aussi que recherchaient les curieux ; elles devenaient l'objet de leurs soins, de leur sollicitude. Ces tulipes possédaient de quatre à cinq couleurs, parfois davantage. La *marquetine* la plus estimée offrait des panaches détachés les uns des autres sans diminution, nets dans leur couleur, et arrêtés par un petit bord, comme un fil de soie. Les tulipes *fantasques* devaient ce nom à la bizarrerie de leurs couleurs; elles ne valaient pas les marquetines à beaucoup près; voici la différence qui existait entre les unes et les autres: les *marquetines* présentaient beaucoup de blanc à leurs feuilles, avec des panaches de diverses couleurs, tandis que les *fantasques* avaient les feuilles jaunes et les panaches bruns, quelquefois mêlés de pourpre. Il s'en trouvait néanmoins de fort belles dans cette dernière espéce, entre autres *l'amidor printanier*, la *belle fantasque des chartreux*, *l'aminte*, *l'amaryllis*, *l'érimante*, la *génoise*, etc. Les *jaspées* étaient un autre genre de tulipe dont les couleurs se confondaient toujours les unes dans les autres; plusieurs étaient rares et fort estimées des amateurs, comme les *jaspées tuder*, *anglaise*, de *harlem*, etc.

La plupart de ces diverses dénominations génériques ont aujourd'hui vieilli. Nous avons adopté d'autres appellations, plus simples peut-être, mais qui tendent cependant toujours au même but: celui d'étendre chaque jour, d'une manière indéfinie, les innombrables variétés de la tulipe. Nous suivons parfaitement le système des anciens *fou-tulipiers*. Ce système consistait à faire panacher une tulipe en leurs mains....; ils la regardaient alors comme leur bien, comme leur propre création.... Ils s'empressaient d'abord de placer en avant du surnom dont ils desiraient gratifier leur variété, le nom du genre auquel la tulipe appartenait, soit *morillon*, *agate*, puis, suivant leur caprice, les uns lui adjoignaient leur nom, d'autres celui de leur ville natale, ceux-ci le nom des grands hommes, anciens et modernes, ou de pays lointains. La nomenclature que j'ai placée à la suite de ce petit ouvrage, est un monument assez curieux de toutes ces petites singularités, qui, du reste, sont moins que jamais passées de mode. Les Hollandais nous ont sur-tout donné cet exemple; ils se sont plu à décorer leurs tulipes de noms pompeux pris jusque chez les divinités de la fable, parmi les princes, les guerriers, ou les personnages célèbres de l'histoire. C'est ainsi qu'on trouvera, dans les listes dressées par ces fleuristes, où les variétés excèdent aujourd'hui le nombre de quinze cents, des tulipes sous les noms de *Minerve*, de *Vénus*, de *Pollux*, de *la belle Hélène*, de *Romulus*, d'*Alexandre-le-grand*, de *Charlemagne*, d'*Henri IV*; ou bien, pour qu'on prît encore, s'il était possible, une plus haute idée de leur beauté, ils donnaient à ces fleurs les noms de *couronne-impériale*, de *grand-monarque*, d'*invincible*, d'*Aigle-triomphant*, de *diadème de Flore*, de *gloire-du-monde*. Parfois aussi ces dénominations étaient moins ambitieuses: on appelait des tulipes des noms plus simples de *brunette*, d'*aimable*, etc. Je ne me suis pas

dissimulé que si j'avais pris à tâche d'offrir
à mes lecteurs une nomenclature des noms
modernes de la plupart des variétés de tulipes cultivées en ce moment en France, ou
seulement même à Paris, les riches cata-
logues de MM. Féburier, à Versailles; Sou-
chet, à Saint-Cloud; Drieux, Vilmorin, et
tant d'autres, à Paris, auraient plus que sur-
passé mon attente; mais

Le secret d'ennuyer est celui de tout dire.

Je passerai sous silence les petites classifi-
cations individuelles, les distinctions mi-
nutieuses qu'établissent, chacun de leur
côté, certains amateurs de tulipes et fleuristes. Comme elles se contrarient le plus
souvent entre elles et ne tendent qu'à jeter
de l'obscurité sur un genre de plante géné-
ralement cultivée sans doute, mais dont
l'histoire, l'origine et les caractères ne sont
pas encore assez bien connus, je réduirai
ce genre de plantes bulbeuses, aux dix
espèces, plus ou moins distinctes qui lui
appartiennent, desquelles émanent et sor-

tent les six cents variétés qu'on assigne, chez nous, aux tulipes. Dans ces dix espéces, figure, en première ligne, la tulipe des *jardins* ou des *fleuristes* ou de *Gessner*, qu'on peut regarder avec raison, non seulement comme l'espéce primordiale de cette foule de variétés que l'on cultive sur les divers points de l'Europe, mais peut-être bien encore comme le type de quelques unes des espéces dont je vais offrir la peinture et donner la description.

TULIPE DES JARDINS,

OU GESSNÉRIENNE.

Cette tulipe que Linnée a dédiée à Gessner, botaniste suisse, offre trop de variétés pour que l'on puisse s'occuper à les noter; elle a pour racine une bulbe ovale, un peu conique, de la grosseur d'une noix, blanche en dedans, revêtue extérieurement d'une tunique presque membraneuse, d'un brun rougeâtre ou marron. Sa tige est glabre, cylindrique, haute d'un pied et demi environ, ferme, fibreuse et médullaire à l'intérieur. Cette tige porte trois feuilles alternes, ovales, oblongues, creusées en gouttières et formant presque le cornet auprès de la tige, un peu nerveuses en dessous, et recourbées, souvent ondulées sur les bords.

La fleur, solitaire au sommet de la tige, redressée avant comme pendant la floraison, est composée de six pétales ovales, obtus, égaux, ouverts en cloche, disposés sur deux rangs; de six étamines à filaments comprimés à leur base, portant à leur sommet des anthères ovales, oblongues, droites, à deux loges; d'un ovaire supérieur, oblong, triangulaire, surmonté d'un stigmate sessile, à trois lobes sillonnés dans leur milieu. La capsule est triangulaire, à trois valves ciliées en leurs bords, à trois loges, contenant un assez grand nombre de graines planes, arrondies, disposées les unes au-dessus des autres sur deux rangs.

La tulipe de Gessner croît naturellement dans le Levant, l'Asie mineure, la Russie; on la trouve aussi dans l'Europe méridionale, aux environs de Grasse en Provence, dans le comté de Nice. Dans l'état de nature, ses fleurs sont ordinairement d'une seule couleur, le plus souvent jaune ou rougeâtre, quelquefois brunâtre. On la surnomme *tulipe des jardins*, parcequ'elle en fait l'un des plus brillants ornements. Elle est cultivée passionnément par beaucoup de fleuristes. La culture a produit d'innombrables variétés de cette tulipe, toutes très sujettes à changer: on les reproduit; on varie encore à l'aide des semis. Elles ne se panachent bien qu'au bout de plusieurs années de culture.

Au nombre des variétés de cette tulipe, nous mentionnerons le *Henri IV*, couleur violette et lie de vin, avec un panache jaune semé de filets noirâtres; la *duchesse de Toscane*, d'un blanc grisâtre, panaché de violet et de rouge foncé; enfin les *tulipes monstrueuses*, ainsi nommées à raison des bizarreries de leur forme et de leur grosseur singulière. Ces dernières ne sont du goût que d'un très petit nombre d'amateurs.

~~~~~~

TULIPE DE CELS.

Cette espéce de tulipe a beaucoup d'analogie avec la tulipe sauvage, mais elle en diffère constamment par des caractères qui ne permettent pas de les confondre; elle est toujours plus petite de moitié; ses feuilles sont plus étroites, creusées en canal d'une manière plus décidée. Sa fleur est droite et complètement glabre. Les racines elles-mêmes offrent des différences remarquables dans leur accroissement. Les nouvelles bulbes de la tulipe sauvage poussent sur les côtés de l'ancienne, tandis que, dans la tulipe de Cels, la nouvelle bulbe naît de la partie inférieure de l'ancienne, et en est séparée, d'ordinaire, par une espèce de pédicelle prolongé. Ces bulbes sont arrondies, de la grosseur d'une noisette, recouvertes d'une tunique brune, lisse en
~~~~~~

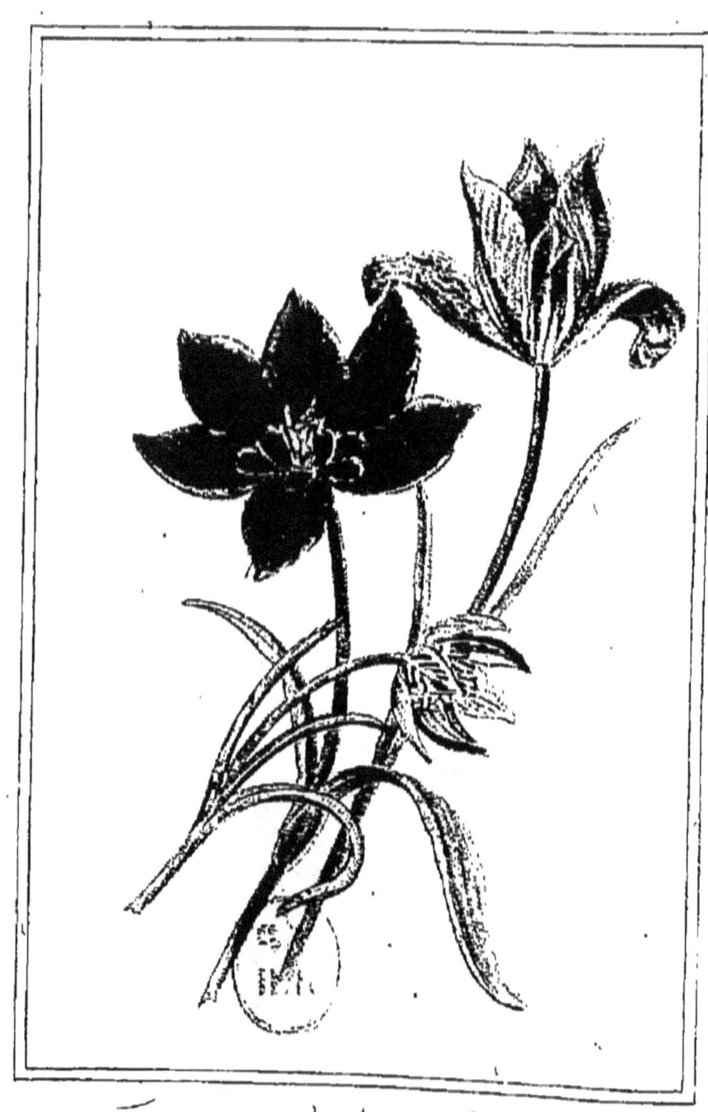

Tulipe de Céls, Tulipe Œil de Soleil, Tulipe des forêts.

dedans et en dehors, un peu rouge à son sommet, et entourant la base de sa tige.

De cette racine s'élève une tige simple, herbacée, cylindrique, glabre, droite, un peu rougeâtre, nue vers le sommet, chargée à sa base de trois à quatre feuilles étalées, lancéolées, linéaires, pointues, courbées en gouttière, légèrement rougeâtres sur les bords, entièrement glabres et dépassant un peu la longueur de la tige. Lorsque la plante commence à pousser, on voit d'abord sortir de la bulbe une première feuille linéaire qui s'élève presque verticalement, et la tige elle-même ne paraît qu'après cette feuille.

Au sommet de la tige se trouve une fleur solitaire, de couleur jaune, droite, légèrement odorante, plus petite que celle de la tulipe sauvage. Les lanières de la corolle sont oblongues, aiguës, un peu étalées, longues de trois à quatre centimètres, absolument glabres; les trois lanières externes ont la surface inférieure d'un rouge orange; les trois intérieures n'offrent cette teinte qu'au sommet: toutes ont la face supérieure absolument jaune.

Les étamines sont droites; les trois qui sont placées devant les lanières extérieures de la corolle sont un peu plus courtes que les autres et sont les premières à répandre leur pollen. Les filaments sont jaunes, en forme d'alène; les anthères droites, oblongues; de la même couleur que les filaments.

Le pistil est composé d'un ovaire supérieur à la corolle, verdâtre, à trois faces et à trois angles couronnés par trois stigmates épais, courts, jaunâtres, légèrement sillonnés en dessus.

Cette plante est cultivée, depuis quelques années, dans le jardin du célèbre Cels; elle y fleurit au printemps; l'épanouissement de la fleur dure pendant quelques jours. M. Cels l'a reçue de Harlem, sous le nom de *tulipe de Perse*. Cette dénomination, jointe à l'analogie des espèces de ce genre, ferait présumer que cette plante est originaire d'Orient. Quoi qu'il en soit, un amateur l'ayant trouvée aux environs de Toulon, en a envoyé à Paris des bulbes que l'on cultive en pleine terre, sans en prendre de soin particulier. Nous devons ajouter que M. Decandolle l'indique semblablement aux environs de Narbonne et de Montpellier où Magnol paraît l'avoir trouvée, il y a plus de cent trente ans. Tout ceci prouve, d'une manière constante, que cette plante est non moins indigène chez nous qu'elle l'est en Orient, si même encore elle se trouve véritablement en Perse.

TULIPE DRAGONNE.

Variété de la tulipe de Gessner.

Bulbe ovoïde élargie à la base, aiguë au sommet, large de près de vingt lignes, un peu comprimée d'un côté, formée de tuniques concentriques dont l'extérieure est soyeuse par sa face interne à sa base. Les rudiments de plusieurs caïeux sont placés sous des tuniques, à des degrés plus ou moins rapprochés du centre de cette bulbe, et par conséquent sous les tuniques plus ou moins intérieures. Ces caïeux partent, comme les tuniques, d'un plateau inférieur qui émet les radicales en faisceaux perpendiculaires dans le sol.

La tige sort d'abord du centre de la bulbe qui la nourrit, et dont les tuniques se détruisent. Elle devient latérale en demeurant implantée à la base de la bulbe nouvelle qui se forme sur le plateau commun de

Tulipe Dragonne, Tulipe à pétales étroits.

cette tige et des radicales. La bulbe d'une
année se réduit, l'année suivante, lorsque la
tige est sortie, à de simples tuniques qui se
ramollissent, se vident et se pourrissent en
terre. La tige est alors devenue latérale à la
base de la bulbe qui lui succédera par une
autre tige, l'année d'après.

Les feuilles vraiment radicales de la tulipe ne se trouvent que sur les bulbes qui
ne fleurissent pas encore. Les bulbes qui
fleurissent, ne produisent d'autres feuilles
que celles de la tige, au nombre de trois,
alternes, en cornet et en demi-entonnoir à
la base. Ces feuilles sont ovales, lancéolées,
proportionnées pour la grandeur à l'éléva-
tion de la tige, qui, dans la Dragonne, est
l'une des plus fortes du genre.

La fleur, solitaire et terminale, devient
grande comme celle de la pivoine offici-
nale, et consiste en six divisions ovales
renversées, rétrécies à la base, d'abord rapprochées en cloche ovoïde, mais qui ne
tardent pas à s'incliner et à s'étaler en roue
par leur propre poids, sur leur onglet.

Les bords de chacune des divisions sont dentés-laciniés, à découpures quelquefois sur-dentées et comme éperonnées.

La couleur de cette fleur est jaune, à bandes et quelquefois seulement à bords rouges; plusieurs raies verdâtres, rayonnées, aboutissent aux dents les plus fortes des divisions de cette fleur et la rendent agréablement panachée.

Les étamines sont environ cinq fois plus courtes que la fleur; les crêtes des stigmates sont très prononcées.

Cette Dragonne paraît avoir été obtenue, comme la jaune rouge, de la *jaune simple*. Elle est plus nouvelle; elle est commune chez les fleuristes qui lui ont donné le nom de *dragon*, parceque la fleur déploie irrégulièrement ses divisions sinnées et laciniées.

TULIPE GALLIQUE.

Il y a dix ans environ que M. Robert, de Toulon, au soin duquel on doit la découverte d'un grand nombre d'espèces nouvelles de fleurs, envoya à M. Loiseleur-Deslongchamps plusieurs bulbes de cette tulipe, que ce savant communiqua à feu Delaunay. Ce dernier ayant observé les fleurs qu'elles produisaient, remarqua qu'elles présentaient des caractères assez distincts de la tulipe sauvage et de la tulipe de Cels : ainsi donc, il lui donna le nom de *tulipa gallica*. M. Loiseleur-Deslongchamps, qui l'a cultivée lui-même, ne l'a vue dans aucun jardin à Paris ; il en a fait une description fort étendue dans son bel ouvrage de *l'Herbier de l'Amateur*.

La bulbe de la tulipe gallique est ovale, arrondie, de la grosseur d'une très forte aveline ; elle ne produit point de rejets traçants; elle donne seulement naissance à une tige cylindrique, droite, glabre, haute de six à huit pouces, terminée à son sommet par une seule fleur redressée. La partie inférieure de cette tige est garnie de trois à quatre feuilles sessiles, alternes, plus longues que la tige elle-même, linéaires-lancéolées, pliées en gouttière, glabres, d'un vert glauque. La fleur est composée, 1° de six pétales ovales-oblongs, aigus, velus à leur sommet, d'une belle couleur jaune, trois d'entre eux un peu plus extérieurs, plus étroits et verdâtres en dehors, les trois intérieurs chargés, en leur surface postérieure, d'une nervure verdâtre; 2° de six étamines à filaments un peu inégaux, subulés, cotonneux à leur base; 3° d'un ovaire supérieur, triangulaire, à angles arrondis, surmonté d'un stigmate sessile, à trois lobes; le fruit est une capsule triangulaire, à trois valves, à trois loges contenant un grand nombre de graines comprimées, semi-orbiculaires, disposées sur deux rangs.

La culture de la tulipe Gallique ne dif-

Tulipe Duc de Toll, Tulipe de l'Écluse,
Tulipe double des forêts.

fère pas de celle de la tulipe de Cels, de l'O-
dorante, et de la Sauvage.

Cette espéce fleurit, en Provence, à la
fin de février ou au commencement de mars;
à Paris, ses fleurs ne paraissent qu'un mois
plus tard. Elle fait peu d'effet, et ne mérite
d'être cultivée que par les amateurs qui veulent avoir des collections complétes.

TULIPE BOSSUELLE.

Cette espèce se distingue par ses fleurs globuleuses dans le bas, resserrées dans leur milieu, et évasées à leur sommet, au moyen des pétales qui se jettent en arrière, et sont terminés par une pointe particulière.

Sa racine est une bulbe ovale-arrondie, pointue à son sommet, plus renflée dans sa partie inférieure, de la grosseur d'une noix ordinaire, d'un rouge brun en dehors, blanche en dedans. Sa tige est cylindrique, haute d'un pied à dix-huit pouces, parfaitement glabre, garnie, dans sa moitié inférieure, de trois à quatre feuilles lancéolées, alternes, un peu épaisses, très glabres, d'un vert glauque; l'inférieure plus grande que les autres, engaînante à sa base; les autres sessiles et un peu plus étroites. Cette tige porte à son sommet une seule fleur, grande, redressée, ouverte en cloche à son orifice, un peu globuleuse dans le reste de son étendue. Sa corolle est composée de six pétales ovales, longs de trois pouces, ayant le fond de leur couleur d'un beau jaune doré ou blanc, avec de grandes panachures d'un rouge éclatant; ses étamines, au nombre de six, ont leurs anthères oblongues, jaunes, à-peu-près de la longueur de leur filament, et égales à la hauteur de l'ovaire; enfin celui-ci est oblong, triangulaire, surmonté d'un stigmate sessile, à trois lobes sillonnés dans leur milieu. La capsule n'a rien de particulier; elle est ovale-oblongue, à trois valves, et contient dans ses trois loges des graines nombreuses, planes, arrondies, et disposées sur deux rangs.

Cette tulipe est fort belle; sous ce rapport, elle mérite de trouver place dans la collection d'un amateur. M. Loiseleur-Deslongchamps doute qu'elle puisse être regardée comme une espèce vraiment distincte, car à part cette légère cambrure que présentent les pétales un peu au-dessus de leur base, toutes les autres parties de la plante se rapportent absolument à la tulipe ordinaire ; c'est aussi l'avis de M. Redouté et de quelques amateurs distingués. *La bossuelle*, nom sous lequel les fleuristes la connaissent d'ailleurs depuis long-temps, est commune dans les jardins de la Capitale, où elle fleurit au commencement de mai. Ses oignons se plantent en septembre, et on les relève au mois de juillet, lorsque les tiges et les feuilles sont sèches. On peut les laisser plusieurs années de suite en terre ; ils produisent alors des caïeux plus nombreux, qui servent à multiplier la plante.

TULIPE DE L'ÉCLUSE.

L'Écluse a vu, pour la première fois, fleurir cette tulipe, en avril 1607; on la lui avait envoyée, l'année précédente, d'Italie, où elle était venue, la même année, de Constantinople; il l'a d'ailleurs fort bien décrite : voilà pourquoi cette plante porte son nom. Elle fut long-temps négligée des botanistes; mais, en 1806, M. Robert, botaniste de Toulon, en envoya à Paris des échantillons et des oignons qu'il avait recueillis dans les vignes et les champs aux environs de sa ville, où cette plante croît assez communément sans culture; et depuis lors on la cultive. Voilà plusieurs années déja qu'elle reparaît dans les jardins consacrés à l'avancement des sciences. M. Cels la reçut aussi de M. Amoureux, sous le nom de *tulipa cypriani*. En Provence, on la trouve aux environs de Grasse, elle donne ses fleurs dès le mois de mars : chez nous, elle fleurit un peu plus tard. Une remarque assez curieuse qu'on a faite, c'est que sa corolle s'épanouit plusieurs jours de suite à neuf heures du matin, et se ferme entre une heure et trois heures de l'après-midi.

Cette tulipe se fait reconnaître sans peine, dès le premier aspect, par sa fleur blanche, droite et solitaire, au sommet de la tige. Cette fleur offre une corolle en cloche partagée jusqu'à la base en six divisions, oblongues, pointues. Ces divisions ne sont pas semblables entre elles; les trois extérieures sont un peu plus longues que les autres, et leur face inférieure est d'un rouge violet assez vif, à l'exception du bord qui est blanc. Dans les trois autres, la surface inférieure est blanche, à l'exception de la base qui est rougeâtre : toutes ont la face interne, blanche avec l'onglet violet. Cette fleur semble absolument violette, lorsqu'elle est fermée.

Il existe une variété ou espèce assez semblable, mais plus grande, et qui ne diffère que par les pétales aigus, plus rapprochés, rouge de laque et blanc. Ces deux fleurs produisent beaucoup d'effet.

La culture de la tulipe de l'Écluse est facile. On plante son oignon au mois de septembre ou d'octobre, dans une terre légère, et on peut le laisser plusieurs années sans le relever. Il se multiplie alors facilement en donnant de nombreux caïeux, assez éloignés de l'endroit où l'on aura placé le premier, car il trace beaucoup. En le relevant après qu'il a fleuri et que ses feuilles sont sèches, on l'empêche de tracer. On peut le garder deux ou trois mois, hors de terre. Cette plante ne paraît pas très susceptible au froid.

La tulipe de L'Écluse mérite assurément bien d'être cultivée dans les jardins d'ornement. On la dit originaire de la Perse.

TULIPE OEIL-DU-SOLEIL.

Cette belle espèce ressemble à la tulipe de Gessner, avec laquelle on l'a souvent confondue, mais elle s'en distingue facilement par ses pétales pointus. On ne peut la confondre ni avec la tulipe sauvage, ni avec la tulipe de Cels, à cause de la grandeur de sa fleur et de la disposition de ses couleurs : elle approche davantage de la tulipe de l'Écluse ; toutefois elle en différencie par la grandeur de sa fleur, et par ses angles qui sont au moins aussi longs que les anthères. Toute la plante est glabre: ce qui distingue encore cette espèce de la tulipe Odorante ; elle s'élève à deux ou trois décimètres. Sa tige cylindrique est terminée par une seule fleur droite. Ses feuilles sont en petit nombre, plus longues que la tige, oblongues, demi-embrassantes, pointues, un peu faibles, larges de deux à trois centimètres. La fleur est grande, solitaire, à six pétales oblongs, ouverts, rétrécis aux deux extrémités, d'un rouge foncé, munis à leur base interne d'une longue tache noirâtre, bordée d'une petite zône pâle, disposés sur deux rangs : les trois extérieurs se prolongent insensiblement en pointe; les trois intérieurs sont un peu obtus, chargés à leur sommet d'une petite pointe acérée. Ces pétales ont de sept à huit centimètres de longueur, sur une largeur de vingt à vingt-cinq millimètres. Les six étamines sont placées devant les pétales, dressées autour du pistil. Les filaments sont courts, planes et élargis à la base, un peu en forme d'alène au sommet. Les anthères sont droites, terminales, insérées par leur base, longue de deux centimètres, de couleur jaune, à deux loges pleines d'un pollen jaune. L'ovaire est libre, triangulaire, de couleur pâle, plus court que les anthères, assez épais, dépourvu de style, terminé par un stigmate large, à trois lobes épais.

Cette espèce est indigène de la France et vient sans culture dans les campagnes. Cependant, bien que très commune dans le midi de la France, non seulement cette plante n'avait pas été remarquée des amateurs de fleurs, mais encore les botanistes ne la connaissaient pas il y a vingt ans, ou, si elle avait été aperçue par quelques uns, ils l'avaient décrite si vaguement qu'on ne la comptait pas au nombre des espèces. On est redevable à M. Saint-Amans, amateur botaniste distingué d'Agen, d'avoir très bien fait remarquer plusieurs des différences qu'elle présente, en la comparant avec les autres espèces du genre; mais un de ses caractères les plus distinctifs, c'est que la tunique d'un rouge brun qui revêt sa bulbe, est garnie en dedans d'une sorte de duvet laineux, blanchâtre, et non roussâtre, comme dans la tulipe de l'Écluse, et dont on ne trouve aucune trace dans celle de Gessner. La bulbe de l'œil-du-soleil a aussi, comme celle de la tulipe de l'Écluse et de Cels (qui sont d'ailleurs quatre à cinq fois plus petites,) la propriété de se propager par des rejets qui produisent de nouvelles

bulbes à peu de distance de l'oignon mater-
nel, et qui peuvent ainsi multiplier abon-
damment la plante, quand on la laisse plusieurs années en terre sans la relever. Elle
n'est pas délicate sur le choix du terrain et
ne craint pas le froid.

L'œil-du-soleil croît sur-tout en Provence, en Languedoc, en Gascogne, en Italie
et dans le reste du midi de l'Europe. Il
fleurit en mars dans son pays natal, et au
commencement d'avril dans le climat de
Paris.

TULIPE DES FORÊTS.

Cette tulipe, appelée *sauvage*, se distingue facilement de toutes les espèces de ce genre, à sa tige chargée d'une seule fleur jaune, dont les lanières sont légèrement barbues à leur extrémité. Sa racine est une bulbe arrondie, blanche intérieurement, recouverte d'une tunique glabre, d'un rouge brun ou marron, de la grosseur d'une petite pomme d'api; elle est vomitive, au rapport d'Haller, mais on n'en fait pas usage en médecine. Sa tige est droite, cylindrique, glabre, longue de deux à trois décimètres, nue dans sa partie supérieure, garnie dans le bas, de deux ou trois feuilles : celles-ci sont étalées, un peu engaînantes à leur base, oblongues, alternes, placées en gouttières, glabres, couvertes de poussière glauque; elles atteignent la longueur de la tige, et leur extrémité offre une légère pubescence, lorsqu’on la voit avec la loupe. Cette tige est souvent simple; alors elle ne porte qu’une fleur, quelquefois aussi elle se divise en deux ou trois rameaux qui se terminent, chacun, par une fleur penchée avant son épanouissement.

La fleur est composée d’une corolle de six pétales ovales-alongés, ouverts en cloche, insérés sur deux rangs et d’une belle couleur jaune un peu pâle. Elle est inodore et nue. Les trois pièces extérieures de son périgone sont un peu épaisses, verdâtres à la surface extérieure, souvent roulées en dehors; les trois intérieures sont plus minces, plus larges, plus jaunes, moins ouvertes et garnies, vers leur base, de quelques cils mous et blanchâtres. Les étamines sont placées devant chaque pièce du périgone; elles sont au nombre de six. Leurs filaments sont jaunes, en forme d’alène, un peu velus à leur base; les trois qui sont placées devant les lanières intérieures de la fleur, se trouvent les plus longues et dépassent presque la longueur de l’ovaire; les anthères sont jaunes, comprimées, oblongues, obtuses, terminées par une très petite pointe, à deux loges pleines d'un pollen jaune. L'ovaire est vert, glabre, épais, en forme de prisme triangulaire, trois fois plus court, épais, sessile, garni de petites papilles visibles à la loupe. Il se change en une capsule ovale, oblongue, à trois angles, à trois valves, à trois loges contenant un grand nombre de graines disposées, sur deux rangs, dans chaque loge, planes et de couleur noire.

La tulipe Sauvage croît naturellement dans la plus grande partie de l'Europe ; on la trouve en Allemagne, en Suisse, en Italie, en Angleterre, et notamment en France ; on la rencontre même dans les bois, aux environs de Paris. — Sa culture ne demande aucun soin particulier, car ses oignons, une fois plantés, peuvent rester quatre ou cinq ans à la même place, et, lorsqu'on les relève, ils ont produit beaucoup de caïeux qui servent à multiplier la plante. Ses fleurs paraissent de bonne heure, au commencement d'avril, quelquefois dès la fin de mars, et elles ont une odeur fort agréable.

~~~~~~

TULIPE ODORANTE,

OU DU DUC-DE-THOLL.

Cette plante, originaire de l'Orient et du midi de l'Europe, était autrefois très connue des botanistes du moyen âge; elle fut ensuite oubliée par Linnée, qui ne la regarda que comme une des nombreuses variétés de la tulipe de Gessner; elle se distingue cependant de cette espéce par son port, par l'époque de sa floraison, par sa fleur odorante, et par plusieurs caractères particuliers que n'altère pas la culture. Quoi qu'il en soit, elle resta long-temps sur le catalogue des jardiniers; on l'y connaissait sous le nom de tulipe du duc-de-Tholl. Roth, l'ayant examinée de nouveau, reconnut qu'elle possédait des caractères qui la devaient faire placer au rang des espéces; il lui donna le nom de *tulipe*
~~~~~~

suavolens, à cause de l'odeur suave de sa fleur.

Sa bulbe, ovoïde, et un peu plus petite que celle de la tulipe de Gessner, donne naissance à une tige droite, cylindrique, simple, qui dépasse à peine la longueur des feuilles et dont la hauteur est ordinairement de cinq à six centimètres. Cette tige est d'un vert grisâtre, toute couverte de poils courts et serrés. Ces mêmes poils se retrouvent sur les feuilles, et, ce qui est remarquable, à leur surface supérieure seulement.

Les feuilles sont au nombre de deux ou trois, placées vers le bas de la tige embrassante, même un peu engaînante, oblongues, pointues, d'un vert glauque, pubescentes en dessus, glabres en dessous, longues de six à douze centimètres sur deux à quatre de largeur.

La fleur est droite, solitaire au sommet de la tige et répand une odeur agréable. Sa corolle est en forme de cloche ouverte; les six pétales sont ovales, terminés en pointe et ont leurs bords un peu roulés, en dessus, vers le sommet. Ces pétales sont glabres à l'extrémité, longs de trente à trente-cinq millimètres sur douze à quinze de largeur: leur couleur ordinaire est d'un rouge vif mélangé de jaune, sur-tout vers les bords; les trois extérieurs sont un onglet de moitié plus courts que les intérieurs.

Les étamines sont au nombre de six; leurs filets sont courts, épais, jaunâtres à leur base, verdâtres au sommet; leurs anthères sont droites, jaunes, plus longues que les filets, à quatre sillons et à deux loges.

L'ovaire est libre, cylindrique, lisse, glauque, droit, deux fois plus long que les filets des étamines, terminé par trois stigmates verticaux, arrondis, comprimés, sillonnés à la surface supérieure; il se change en une capsule oblongue à trois loges, à trois valves chargées d'une cloison sur leur face interne, à plusieurs graines planes, disposées sur deux rangs dans chaque loge.

La tulipe odorante fleurit, dans le climat

de Paris, à la fin de mars ou au commencement d'avril, mais la plante fleurit beaucoup plus tôt dans son pays natal et dans le nord même, en plantant ses oignons dans des vases placés dans la serre chaude ou seulement dans une chambre où l'on aura du feu habituellement; ils donnent leur fleur, dès le mois de décembre ou au mois de janvier. Aussi a-t-on surnommé cette espèce, *tulipe précoce.* Quoique l'odeur de sa fleur, l'époque de sa floraison, soient des apanages précieux de la tulipe odorante, elle est cependant moins estimée que la tulipe de Gessner.

Cette tulipe végète parfaitement bien en pleine terre, et n'y exige aucun soin particulier. Ses oignons s'y plantent, tous les ans, à la fin de septembre ou au commencement d'octobre; on les relève à la fin de mai, par un temps sec, et on les garde dans un endroit à l'abri de l'humidité et en même temps d'une trop grande sécheresse, jusqu'à l'époque convenable pour les remettre en terre. L'oignon n'est pas délicat, sur la nature du terrain, pourvu qu'il ne soit pas humide ni pas trop fort; il faut avoir le soin, par exemple, de le garantir des mulots et des souris qui le recherchent encore plus que ceux des autres espèces.

TULIPE À PÉTALES ÉTROITS.

Jusqu'à ces derniers temps, la tulipe à pétales étroits n'était connue des fleuristes que sous le nom de *tulipe turque*, et, qui plus est, les botanistes l'avaient négligée, ne la regardant que comme une variété de l'espèce commune. Mais presque en même temps M. Delaunay, en France, M. Sydenham Edwards, en Angleterre, l'ont distinguée comme formant une espèce particulière. Pour décider si ces messieurs ont eu raison ou tort, il faudrait savoir si cette plante croît naturellement quelque part, et si, dans son état sauvage, elle est telle que nous la voyons dans nos jardins, ou bien si, ne se trouvant que là, elle ne doit être regardée que comme le fruit de la culture.

Dans le premier cas, nul doute qu'elle ne doive fournir une espèce distincte. Dans le second, quelles que soient les différences qu'elle paraisse présenter, il ne faudra regarder sa forme singulière que comme une bizarrerie ou un jeu de la nature, et elle ne sera qu'une simple variété de la tulipe de Gessner. On ne sait rien de positif à cet égard.

Il existe trois variétés de la tulipe à pétales étroits : l'une donne des fleurs blanches, dont les pétales étroits, longs et aigus, sont alternativement festonnés ou échancrés dans leur bord. La seconde a une fleur plus courte, rouge de laque, avec quelques pétales marqués de plusieurs dents. La troisième se fait remarquer par ses pétales démesurément longs et étroits, d'un assez beau rouge, mais jaunes à la base et sur les bords qui sont ondulés. Ces trois tulipes, quoique assez grandes, poussent des feuilles fort aiguës et comparativement plus étroites que dans les autres espèces. Ces trois variétés fleurissent au commencement de mai. Leur culture n'a rien de particulier; elles ne se trouvent guère que chez les amateurs curieux de posséder toutes les espèces, et principalement toutes les variétés que la culture a fait enfanter à la tulipe ordinaire.

La racine de la tulipe à *pétales étroits*, est une bulbe arrondie, pointue dans sa partie supérieure, de la grosseur d'une noix ordinaire, enveloppée d'une peau couleur de marron. Cette bulbe donne naissance à une tige cylindrique, glabre, haute d'un pied ou un peu plus, garnie de trois à quatre feuilles étroites-lancéolées, sessiles, d'un vert glauque et terminée à son sommet par une seule fleur redressée, composée de six pétales lancéolés, aigus, longs de trois à quatre pouces, seulement larges de six à sept lignes ondulés en leurs bords ou chargés de quelques dents écartées; de six étamines dont les filaments subulés portent des anthères alongées; d'un ovaire oblong, triangulaire, surmonté de trois stigmates sessiles. Le fruit, comme dans les autres espèces, est une capsule ovoïde à trois faces et à trois angles, formée de trois valves, et dont les loges contiennent un grand nombre de graines planes.

Cette tulipe a été décrite par M. Redouté sous la dénomination de *tulipe à fleurs pointues*. On la dit apportée de Perse directement en France, en 1811. M. Lelieur, administrateur des parcs et pépinières de la couronne, la cultive au jardin de Sèvres, de la même manière que la tulipe de Gessner. Elle réussit très bien en plates-bandes; sa tige est doucement fléchie; ses fleurs, à longues pointes, ont tantôt leurs divisions resserrées en fuseau, et tantôt très ouvertes en cloche; elles plaisent par la variété qu'elles offrent dans un des genres de plante que la culture a le plus embelli.

Cette tulipe donne des fruits qui mûrissent.

TULIPE, À FLEURS DOUBLES, DES FORÊTS.

Fleurs très doubles et fort belles, mais qui ont besoin d'être soutenues, parceque la hampe est trop faible.

Quelques botanistes font figurer cette tulipe, comme variété à fleurs doubles de la tulipe Sauvage. Mais si, comme il nous le paraît, sa plante ne différait pas d'une tulipe jaune à fleur double qui se trouve dans beaucoup de jardins , elle devrait appartenir à la tulipe de Gessner ou des fleuristes, bien plus qu'à la tulipe sauvage, parceque, comme dans la première, sa fleur n'est pas odorante ; qu'elle est de même toujours solitaire, redressée avant son épanouissement. Ses feuilles d'ailleurs ressemblent bien plus à celles de la tulipe des fleuristes qu'à celles de l'espèce sauvage. Au surplus, on la cultive comme la première, pour qu'elle ne redevienne pas simple. Il lui faut une terre franche et légère.

Je me borne très sagement à la description des onze tulipes, tant espèces que variétés, qu'on vient de lire ; mais, en revanche, les planches, jointes à cet ouvrage, offrent un assez joli choix de quelques unes des innombrables variétés connues des amateurs.... Le peintre les a prises dans les *bizarres*.

Le feu Pochot, la Violette brodée.

CULTURE DES TULIPES.

OBSERVATIONS GÉNÉRALES.

Les fleuristes divisaient autrefois, ainsi que je l'ai déja dit, les tulipes en trois classes, les *printanières*, les *médionelles* et les *tardives*; il est plus simple aujourd'hui de les distinguer par *hautes* et *petites baguettes*. On donne ce nom de *baguette* à leur tige.

A quelle époque doit-on planter les oignons des tulipes? Cette question a été très sérieusement agitée par les amateurs; on trouve, à cet égard, dans leurs écrits, des contradictions au moins apparentes. Ils ont parlé d'après l'influence du climat qu'ils habitaient sur la végétation, sans considérer que celui des autres pays n'était pas le même; il fallait examiner l'époque à laquelle l'oignon commence, de lui-même, à végéter, à montrer son *dard*. Si l'oignon commence à travailler, on doit se hâter de le mettre en terre; donc il ne peut y avoir, dans le même climat, de jour vraiment déterminé, parceque la marche de la saison n'est pas, chaque année, la même ; sans doute la variation ne sera jamais considérable, mais elle l'est toujours assez pour apprendre à suivre les opérations de la nature, sans les contrarier par une plantation à jour fixe. Certes, on ne plantera pas le même jour les tulipes en Italie et en Hollande.

Quel sol faut-il choisir de préférence pour planter les oignons? — En étudiant la nature, un fleuriste doit se dire: l'oignon de tulipe, laissé sur des planches dans mon grenier, pousse, si je l'abandonne à lui-même. Il n'a fallu qu'un peu d'humidité dans l'atmosphère pour actionner et mettre sa sève en mouvement; donc il doit craindre la trop grande humidité dans la terre.

En conséquence, il convient de donner

à la tulipe une terre douce, très perméable
à l'eau, qui ait une profondeur suffisante
et capable de procurer l'écoulement aux
eaux. Ce principe est confirmé par l'expérience : en effet, combien d'oignons les
fleuristes ne perdent-ils pas, chaque année,
lorsque les hivers sont pluvieux ! la pourriture gagne l'oignon ; souvent des planches entières périssent. On peut dire à l'amateur et au fleuriste : si la masse de terre de
votre jardin est compacte, argilleuse, en
un mot, si elle s'imprègne et retient facilement l'eau, faites creuser, à deux pieds
de profondeur, l'espace que vous destinez
à la plantation des tulipes ; remplissez le
vide par un pied de sable fin et naturellement sec. Si ce sable est rare, sup-
pléez-le par des cailloux ou par des re-
coupes de pierres dures ; recouvrez le tout,
au niveau du reste du sol, avec du terreau
composé aux trois quarts de débris de végétaux et d'un quart de sable fin. Tous les
végétaux ne sont pas propres à composer
un bon terreau. On doit en exclure les

feuilles de chêne, de noyer et de châtaigner, ainsi que le tan, même après qu'il a servi aux corroyeurs; ces substances conservent, malgré leur décomposition, un principe contraire à la bonne végétation des tulipes. Je conclus de ce que je viens de dire, 1º que l'époque de la plantation (chacun suivant le climat qu'il habite), est indiquée par l'apparition naturelle du dard; 2º que le meilleur sol, pour la tulipe, est celui qui retient le moins l'humidité.

A quelle distance doit-on planter les tulipes les unes des autres? — Le véritable amateur agit d'après les principes; il fait trois classes de ses oignons, eu égard à leur grosseur: il est censé qu'il a déja séparé les tulipes printanières des tardives. La première classe comprend les plus gros oignons; la seconde, les moins forts, et qui cependant donneront la fleur dans la même année; la troisième sera destinée aux caïeux. La même distribution s'observera pour les caïeux, parceque de la grosseur de l'oignon, de l'étendue que l'on suppose à ses feuilles, dépend l'espace que l'on doit laisser entre eux. Ceux de la première classe seront plantés de huit à dix pouces ; ceux de la seconde de six à huit ; enfin les caïeux depuis deux jusqu'à six. Sans ces précautions, les feuilles se chevaucheront les unes sur les autres, et ne jouiront pas de tous les effets de la lumière du soleil et de l'air, qui sont si nécessaires à leur bonne végétation.

~~~~~~

GRAINES DE TULIPES.

L'amateur qui veut conserver une même sorte de tulipes, doit planter; il sèmera pour avoir des tulipes nouvelles. La graine ne produit pas toujours une tulipe semblable, au lieu que le caïeu ne dégénère jamais. Il faut dire encore, en faveur de la multiplication des tulipes par caïeux, que l'on n'attend pas long-temps les fleurs qui doivent en provenir, tandis que, par le semis, il faut voir quelquefois s'écouler sept ans, huit ans, dix ans, avant de jouir enfin de son ouvrage. Mais, en revanche, le semis a l'avantage inappréciable, pour l'amateur, de lui procurer des variétés toutes nouvelles, juste dédommagement de son attente et de ses soins. Lorsqu'on veut semer, on choisit d'avance les oignons de fleurs dont la forme est parfaite, dont les couleurs sont foncées, nettes et bien tran-
~~~~~~

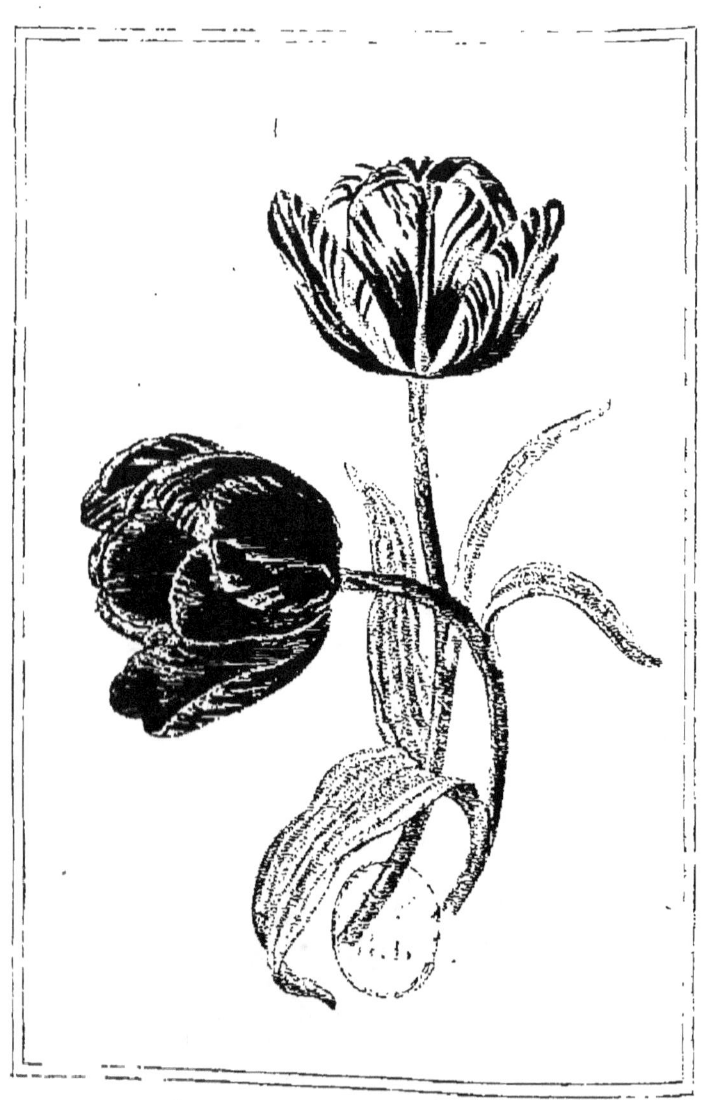

La Trésorière, Le Pélore.

chées. Les meilleures tulipes à recueillir sont
entre autres, les cramoisies tirant sur le
violet pourpre ou vif incarnadin. On prend
les oignons les plus gros, les plus sains,
les mieux nourris. On les plante, à l'époque ordinaire, dans une terre légère, perméable à l'eau, mais en même temps subs-
tantielle et enrichie de débris de fumier
très consommé. On leur donne l'exposition
du levant, parcequ'ils ne mûrissent pas
aussi promptement. On les y laisse fleurir,
sans garantir les fleurs des rayons du soleil. Lorsque les capsules commencent à
s'ouvrir par leur sommet, on les cueille en
coupant la tige quelques doigts plus bas;
on les étiquette et les laisse à l'air dans un
endroit sec; elles acquièrent là leur dernière maturité. Lorsqu'elles y sont parve-
nues, on retire ces graines de leurs capsules, et, dans le mois de septembre, époque convenable pour le semis, on les répand,
soit sur une plate-bande de terre préparée
à cet effet, soit dans des terrines; on couvre le semis d'environ un demi-doigt de

même terre, et d'autant de terreau bien consommé : ce qui suffit pour le faire germer. Le semis doit être entretenu frais ; on sarclera même au besoin, de peur que les mauvaises herbes n'empêchent la croissance. A l'approche des froids on enterre les terrines, ou bien on les rentre dans l'orangerie. Les terrines qu'on se contente d'enterrer, doivent être, ainsi que les plates-bandes, couvertes dans les fortes gelées. Moyennant ces diverses précautions, les graines lèveront vers la fin de février, ou au mois de mars ; la première année, l'oignon sera gros comme un petit pois ; la feuille, grande comme celle d'un jeune poireau, et elle ne tardera pas à se dessécher... Aussitôt on renouvellera le dessus de la terre, puis l'on prendra, pour l'hiver suivant, les précautions qu'on a eues pendant celui qui l'a précédé.

Dès que les secondes fanes sont desséchées, pour hâter de beaucoup la production des fleurs, on relève les jeunes oignons et les replante, de suite, dans une autre terre disposée à cet effet. On les remet à trois pouces, tant de distance que de profondeur, en ayant soin de coucher l'oignon du côté du nord, afin d'éviter que le germe du nouvel oignon, qui se trouve dans le centre de l'ancien, n'éprouvant que peu de résistance au point de la base où il adhère, ne s'enfonce et ne coule dans la terre; c'est ainsi que, par la négligence de quelques fleuristes, il s'en perd fréquemment.

Après la quatrième pousse, on traite alors ces intéressants élèves comme des oignons parfaits, puisqu'ils doivent fleurir l'année suivante; ainsi, dans les mois d'octobre et de novembre, temps favorable à la plantation, où d'ailleurs on n'a plus rien à craindre des insectes, après avoir bien ameubli une planche de quatre pieds, sur une longueur fixée par le nombre d'oignons, on divise la planche, aux deux extrémités, en huit parties sur la largeur. On marque les divisions avec de petites baguettes; on trace des rayons de deux pouces de profondeur, dans le fond desquels on enfonce entièrement les oignons, qu'on met à cinq ou six pouces de distance. On donne ensuite le coup de rateau ; puis on couvre la terre d'un pouce de terreau.

Dès que les semis entrent en floraison, on marque soigneusement toutes les plantes dont les baguettes sont hautes et fermes, dont les fleurs ont une belle forme, et annoncent d'avance les couleurs qu'on recherche, quoique ces couleurs soient mêlées et confondues pendant plusieurs années sur les pétales. Quand les fleurs sont passées, on coupe les têtes, pour conserver à l'oignon la nourriture qui eût été employée pour des graines inutiles. Lorsqu'on lève les plants de semis, on ne garde que ceux marqués, on rejette les autres.

Les tulipes, venues de graines, portent tout simplement le nom de *couleurs*, parce qu'en effet leur couleur est, surtout la première année, tout unie, grise, violette, brunâtre, terne, sale et quelquefois bizarre. Plus ces couleurs primitives s'éloignent du rouge et du jaune, plus elles sont estimées. Cette couleur unie, telle qu'elle soit, se mélange, après plusieurs années, de certains traits jaunes ou blancs, plus ou moins larges, souvent accompagnés de filets noirs : c'est ce qu'on appelle *panaches*. Les tulipes de graines qui commencent à se panacher, prennent alors le nom de *conquêtes* ou de *hasards*.

On ne saurait juger sainement de la valeur de la plante par l'inspection de la première et même de la seconde fleur; l'on ne doit vraiment commencer le triage des bonnes, mauvaises ou médiocres, qu'après avoir étudié la troisième fleur. A la huitième année, à dater de celle du semis, on sait positivement ce qu'on possède. C'est par de tels soins non ralentis que les Hollandais sont parvenus à se procurer ces belles tulipes qu'ils vendaient si cher aux curieux.

OIGNONS DE TULIPES.

Octobre est le mois où le véritable curieux replante, ou, pour m'exprimer plus exactement, plante ses oignons de tulipes; car il est, en passant, utile de faire observer que les oignons qu'on relève chaque année, après que les fleurs sont passées et que les feuilles ont séché, ne sont pas du tout les mêmes que ceux qu'on a mis en terre à l'automne précédent. Qu'on arrache un oignon de tulipe quand il commence à pousser sa tige, on verra que celle-ci part du centre de la bulbe. Qu'on le retire, au contraire, de terre, après la floraison, ou même alors que la plante est en fleur, la tige sera trouvée couchée sur le dos de l'oignon. Ce fait n'offre rien que de bien naturel : l'ancien oignon s'est épuisé à nourrir la tige et la fleur; il s'en est formé un autre à côté.

L'Hortense, l'Homerine.

Mais j'en reviens à ma plantation d'oignons: quel que soit, pour la forme et l'étendue, le carreau destiné aux tulipes, on y trace des lignes à six pouces de distance sur la longueur et sur la largeur. Ces lignes, ainsi tracées, se croisent en sens contraires, c'est-à-dire qu'elles se coupent réciproquement à angles droits; le point de leur rencontre est l'endroit où se placent les oignons. On doit avoir eu le soin, l'année précédente, d'étiqueter et numéroter exactement ses espèces; cette attention procure les moyens de varier les couleurs de ses tulipes, de mettre les plus basses sur les lignes des bords, les moyennes dans les rangs intermédiaires. Cette planche de tulipes doit être disposée d'ailleurs avec symétrie et réflexion; c'est ainsi qu'on posera tous ses oignons sur le terrain, sans les enfoncer, pour être bien assuré d'abord qu'on distribue ou oppose convenablement les couleurs et les panachées. Si on les enterrait au fur et à mesure, puis, qu'on vînt ensuite à changer d'idée, il deviendrait très difficile de corriger tout l'ensemble de la plantation. On observera ensuite de ne pas enfoncer les oignons dans la terre, sans leur avoir ouvert, au préalable, un passage. Ces oignons, ainsi poussés et forcés à s'ouvrir eux-mêmes leur gîte, peuvent trouver, à leur rencontre, quelque pierre ou autre corps dur qui les blesse ou les entame : alors ils seraient perdus. Le plus sûr est d'avoir, pour cet usage, un plantoir dont le diamètre soit de la mesure des oignons, et l'extrémité, arrondie comme eux. Ce plantoir fait de bois solide, sera percé d'une vrillette, de pouce en pouce ; on passera dans l'un des trous, à la hauteur qu'on souhaite, une fiche de même bois dur : cette fiche, débordant de chaque côté, arrêtera le plantoir à l'enfoncement desiré. Le trou une fois fait avec soin, on y place l'oignon qu'on recouvre ensuite d'un pouce de terreau.

Comme l'humidité est nuisible à l'oignon de la tulipe, on fera bien de lever les planches de deux à trois pouces au-dessus des sentiers.

Pendant les grandes gelées d'hiver, des couvertures de paille et de fumier ont non-seulement l'avantage de garantir du froid les oignons, elles empêchent que la terre ne s'affaisse ; elles facilitent la sortie du germe, lorsqu'il commence à pousser, et s'opposent à ce que beaucoup de mauvaises herbes n'y croissent. On les découvre, lorsque l'hiver est passé.

Quand les tiges commencent à grandir, il faut leur donner un soutien, autrement le vent les romprait : on se contente d'un simple *tuteur*, ou petite baguette, pour chaque tige. Les Hollandais, beaucoup plus minutieux que nous, ont, pour le même usage, de petits bâtons de deux et trois pieds de haut et d'une grosseur proportionnée : au bout de ces bâtons, ils font une entaille dans laquelle ils insinuent un petit cercle de fer de trois pouces de diamètre et large d'un quart de pouce. Ils placent ce bâton, avec le cercle, auprès de chaque fleur, sans toucher l'oignon. Ils y insèrent la tige un peu au-dessous du bouton, et le lèvent tous les deux jours, à mesure que la tige grandit.

A l'époque de la fleur, les amateurs qui veulent jouir plus long-temps, couvrent leurs plantes avec des berceaux, sur lesquels ils étendent des toiles ou bannes, lorsque le soleil est trop ardent, depuis dix heures du matin jusqu'à quatre du soir. Cette attention est utile pour avoir des tiges plus élevées, des fleurs plus grandes, des couleurs mieux tranchées, parceque la végétation est moins accélérée, que les fleurs ne sont pas brûlées par le soleil : aussi durent-elles le double de temps.

Dès que la fleur est fanée, il faut se hâter de la couper dans la crainte d'épuiser ou d'affaiblir l'oignon; alors les feuilles ne tardent pas à se dessécher. Lorsqu'elles le sont, on ouvre une jauge, ou tranchée, au commencement du premier rang de la planche qu'on suit dans toute sa longueur et ainsi des autres, en coulant le fer de la houlette un peu en biais sous l'oignon, pour ne pas s'exposer à le blesser. Il vient de lui-même à la main, et l'on n'oublie pas le plus petit caïeux.

Il faut choisir, pour cette opération de déplanter les oignons de tulipes, un beau jour après un temps sans pluie. On se gardera bien de lever ces oignons pendant l'ardeur du soleil, car un rayon à plomb sur l'oignon le tue. On choisira un temps modéré, plutôt frais que brûlant; on travaillera à cette déplantation, dès le point du jour, jusqu'à sept ou huit heures du matin, et depuis cinq heures après midi, jusqu'au soir. On évite ainsi tout danger, tout inconvénient.

Après avoir sorti ces oignons de terre, s'ils ne se trouvaient point parvenus à leur maturité, on se contentera de couper leur tige qu'on séparera quinze jours ou trois semaines après, en nettoyant les oignons. S'ils sont très mûrs au contraire, on les nettoie de suite, c'est-à-dire qu'on les débarrasse de leur tige, de leurs racines, des vieilles tuniques desséchées et de la terre qui les entoure, en en séparant même les caïeux. Ces petites attentions ne sont pas idéales ; qu'on les néglige, on amoncelle les oignons, la fermentation s'y établit, ils moisissent. Les oignons ainsi nettoyés, on les étend sur des claies ou sur des planches de sapin. Placés ainsi dans une serre, ils y perdent l'humidité qu'ils pourraient avoir gardée de la terre ; on les visite, on les tourne doucement pour remédier aux taches, aux maladies ou aux écorchures qu'on aurait pu faire, en leur ôtant l'écorce. Si le mal paraît mériter quelque attention, on remet le malade dans la terre, il y reprendra sa force et sa santé. Si le chancre l'avait attaqué, on supprimerait toute la partie affectée et l'on recouvrirait, pendant quelques jours, avec du sable très fin, l'oignon dans son entier.

En déplantant les tulipes, on devra suivre invariablement le même ordre qu'on a observé en les plantant ; on remet, dans chaque carré de ses tiroirs, l'oignon selon son rang et son espèce.

La Geneviève, la Nina Reine.

FLEURS DE TULIPES.

La floraison des tulipes est leur véritable triomphe, et cette floraison, à bien prendre, n'est pas si passagère qu'on se l'imagine, puisqu'elle s'ouvre dès la fin de février pour les tulipes précoces et ne se termine que bien avant dans le mois de mai pour les tulipes tardives, et que, durant cet intervalle, on voit toujours quelqu'une de ces fleurs paraître sur la scène et y figurer avec honneur. Quel peintre pourrait, avec toute la délicatesse, toute l'énergie de son art, rendre à nos yeux la douceur ou la force de ces riches couleurs qui varient à l'infini les tulipes ; les entrelacements de leurs panaches, le lustre satiné de leurs feuilles, l'éclat brillant de cet or, de cet argent, qu'un charme trompeur, mais séduisant, y fait reconnaître. Les tulipes ont sur la plupart des autres fleurs cet avantage inappréciable, qu'on ne précipite pas le cours de leur durée pour en faire des usages profanes. Heureuses que leur grand volume les empêche d'enrichir les bouquets, elles vieillissent en paix là où elles sont nées et y recueillent l'admiration des connaisseurs jusqu'à ce qu'une décrépitude naturelle vienne terminer leur vie. Amateurs de tulipes, rendez-vous près d'elles durant ces jours de leurs fêtes et de leur gloire.... Considérez d'abord, en elles, cette colonne fière du superbe chapiteau qu'elles supportent, et dans ce chapiteau fleuri la régularité de sa forme, la richesse de son étoffe, l'élégance et la singularité des ornements qui en relèvent le fonds, les nuances infinies qu'on distingue dans ses couleurs. L'art, bien loin de leur pouvoir donner un relief plus apparent, ne peut que l'affaiblir, en voulant limiter le passage heureux des unes aux autres qui détache ces couleurs entre elles, et les rend d'autant plus saillantes qu'il est coupé nettement. Il ne manquerait au prix, au mérite de ces belles fleurs qu'une durée plus constante et mieux soutenue dans leur triomphe. Mais, comme les nôtres, leurs moments sont comptés.

La tulipe la mieux soignée résiste à peine douze ou quinze jours contre les atteintes malignes du temps ; de ce temps dont les mains impitoyables détruisent tout sans réserve ; de ce temps, qui dans sa course fugitive, échappe à nos regards, que le même coup d'œil voit naître, durer, et finir sans retour. Image naïve, bien propre à nous rappeler la brièveté de nos jours. Que le délassement qui naît de la culture des fleurs aurait pour nous d'avantages, si nous étions amenés par elle à de salutaires réflexions ! C'est dans les parterres que l'on goûte des plaisirs innocents : ils sont permis ces plaisirs ! ils n'offrent que des charmes et jamais de repentir.

Que si vous visitez, le matin, ces belles tulipes, avant que le soleil ait, du haut de sa carrière, jeté sur elles des regards enflammés, admirez chez celles qui sont nouvellement écloses, cette modeste et timide pudeur du jeune âge ; leurs feuilles, unimént rapprochées, dérobent aux curieux l'intérieur de leur corolle ; mais venez les visiter quelques heures après, avant la retraite du bel astre, comme il aura dissipé l'humidité qu'avait répandue la nuit sur elles, vous aurez alors tout le loisir d'admirer les trésors de cet intérieur, son brillant coloris, la coupe régulière de ses feuilles, la force du pivot fertile, enfin l'arrangement symétrisé des étamines.

A la vue de tant de merveilles, sera-t-on surpris de la passion que témoignèrent certains princes pour les tulipes.

Tout le monde, en effet, ne ressemble pas à ce professeur de botanique de Leyde, du nom d'Evrard Vorstius, qui avait conçu contre les tulipes un antipathie si grande qu'il ne pouvait s'empêcher, quand il en rencontrait, de les abattre d'un coup de baguette. Le cher docteur aurait donc bien souri de pitié, s'il eût entendu lire ce que M. d'Andresel, ambassadeur à Constantinople, écrivait, en 1726, au roi de France :

« Le grand-seigneur, le grand-visir et kiaïa
ont pris, depuis quelques années, un goût
tout particulier pour les tulipes. On estime
qu'il y a cinq cent mille oignons dans le jardin du grand-visir, et pour plus de cent cin-
quante mille écus dans celui du kiaïa. Lorsque les tulipes sont en fleur, et que le grand-
visir veut les faire voir au grand-seigneur,
on a le soin de remplir les vides des oignons, qui ont manqué, par des tulipes qu'on
prend d'autres jardins, et qu'on met dans
des bouteilles. De quatre en quatre fleurs,
on plante à terre une bougie, à hauteur des
dites fleurs, et on garnit les allées de cages
de toutes sortes d'oiseaux ; tous les treillages sont bordés par une quantité innom-
brable de fleurs de toute espèce dans des
bouteilles, et illuminés par une infinité de
lampes de cristal de diverses couleurs ; on en
attache aussi une partie à plusieurs arbris-
seaux verts qu'on transplante des bois des environs, exprès pour cette fête et qu'on dispose
derrière les treillages : ce qui, par la variété
des couleurs et la réverbération des lumiè-

res, produit, dit-on, un effet merveilleux. Cette illumination accompagnée d'un grand bruit d'instruments, dure toutes les nuits, tant que les tulipes sont en fleur, le tout aux dépens du grand-visir qui, pendant ce temps, loge et nourrit le grand-seigneur et toute sa suite. »

C'est au moment que les planches sont couvertes de tulipes qu'on peut admirer le jeu merveilleux de la nature. Dans plusieurs milliers de tulipes, vous n'en trouveriez pas deux parfaitement semblables.

Dans le climat de Paris, dit M. Deslong-champs, la floraison des tulipes commence ordinairement dans les premiers jours d'a-vril, et, vers le 15 mai, elle est termi-née. Nous appelons aujourd'hui *hâtives*, au lieu de *printanières*, celles de ces plan-tes qui fleurissent les premières. Ce sont en général les moins estimées. Celles qui vien-nent les dernières, sont toujours les plus belles.

Une tulipe ne dure, au plus, comme je l'ai dit, que douze à quinze jours et souvent elle passe en beaucoup moins de temps. Les curieux de tulipes, jaloux de protéger l'existence de leurs fleurs, ont de petites tentes portatives qu'ils font placer sur les planches où sont les plus belles. Ils en haussent ou baissent la toile selon le besoin, pour les mettre à couvert, des grandes pluies qui les abattent, ou des rayons d'un soleil trop ardent qui les fait passer trop promptement. Un autre moyen que les amateurs mettent encore en usage pour prolonger leurs jouissances, c'est d'avoir des planches au nord, dans lesquelles les tulipes fleurissent quinze ou vingt jours plus tard que dans les autres parties de leur jardin.

MALADIES DES TULIPES.

La tulipe est l'une des plus belles fleurs, mais aussi l'une des plus délicates à élever ; elle exige mille soins, mille attentions de la part de l'amateur ; il est mille dangers à craindre pour elle. Chaque mois de l'année prescrit des devoirs et des veilles. En effet, la tulipe a ses beautés, mais elle a ses infirmités. Parlons-en donc, et voyons les remèdes qu'on y peut apporter pour les éviter ou les guérir.

Les oignons de tulipes qu'on élève de graines, étant faibles, n'ont pas la force de résister à la rigueur du froid, à l'excès de la chaleur. Il les faut couvrir durant l'hiver, soit avec des ais, des nattes ou du fumier, pour les garantir des gelées, des neiges et même du soleil d'hiver qui les tue également.

Il survient en outre aux tulipes, au com-

mencement de l'hiver, une maladie conta-
gieuse. L'oignon pousse ses feuilles hors
de terre ; des eaux froides coulent entre
leur peau, et descendant jusqu'au cœur, les
font pourrir. Une couleur rougeâtre et blafarde paraît au bout des feuilles ; tirez-les
un peu, elles quittent l'oignon, et mon-
trent le centre déja pourri. Levez l'oignon
avec le déplantoir, de crainte que cette con-
tagion ne gagne les voisins, ne les in-
fecte sans ressource, et ne détruise ainsi
toutes vos espérances. Supprimez même
beaucoup de la terre qui l'environne, afin
que cette terre, peut-être déja corrompue,
ne produise pas le même effet que l'oignon,
s'il fût resté.

L'excès du froid ou du chaud cause une
altération ou une faiblesse aux petits caïeux,
qui les dépouille de leur peau, et leur
cause un dessèchement mortel ; le remède
est, sitôt qu'on les aura levés de terre, de
prendre les caïeux, de les placer dans du
sable ou en quelque terre à l'ombre, pour
les conserver par une douce fraîcheur ; il

faudra même les arroser légèrement, si les chaleurs dessèchent trop la terre. Continuez ce régime de prudence jusqu'au mois de septembre ; alors vous les planterez ailleurs. Ce dépouillement de peau, dans les oignons, provient de ce qu'on ne les plante pas assez avant dans la terre ; ils grossissent avec excès, et crèvent cette peau qui est fort tendre. De là naissent des chancres qui se changent en une grangrène irremédiable. Dès qu'on apperçoit ce chancre, il faut le couper au vif. Si la partie saine de l'oignon est médiocrement entamée, on le peut sauver encore, en le remettant en terre.

Si l'on ne couvre pas ses tulipes pendant les mois de février et de mars, il leur survient un mal qu'on appelle *tache de mars*: espèce de pourriture qui attaque la première feuille à fleur de terre. Les coups de grêle et les froidures occasionent cette maladie. Dès qu'on aperçoit cette pourriture, on la détache, en la raclant et coupant au vif ; si ce mal croupissait trop long-temps sur la tulipe, il en gagnerait le cœur et la ferait mourir.

Lorsqu'en levant ses oignons de terre, on les trouve durs et leur peau d'une couleur rougeâtre, tirant sur châtaigne, ils sont bons. S'ils sont mollasses, et leur peau blafarde ou noire, ils ont, à n'en point douter, éprouvé quelque altération. Il y a moyen de conserver les tulipes blessées, et les oignons offensés, c'est quand ils sont levés de les arranger sur terre, à l'ombre, comme si l'on devait les replanter. On laisse un travers de doigt de distance entre chacun. Ces oignons reçoivent ainsi de l'air; ils reprennent leurs forces et leur point de perfection. Mais, dans cette opération, il faut se mettre en garde contre les mulots, les limaçons, les araignées et autres insectes avides de plantes.

En définitive, le sort des amateurs de tulipes est de travailler beaucoup à la connaissance de la fleur, d'approfondir les obstacles qui se rencontrent dans sa culture, les maladies qui la détruisent, les remèdes

qui la garantissent, de veiller nuit et jour
pour attendre les moindres opérations de
la nature. Qu'il est doux aussi le but de
tant de travaux et de tant de peines, lorsqu'il ne les a pas consacrés à des ingrats!

POÉTIQUE
DE LA TULIPE,

OU

CHOIX DE VERS SUR LA TULIPE.

LA TULIPE ET LA VIOLETTE.

Du vif éclat de ses couleurs
Une tulipe enorgueillie
Croyait que seule, entre toutes les fleurs,
Elle devait être cueillie.
« Quelle fleur oserait me disputer le prix?
    « De ces lieux je suis la merveille.
« Oui, toutes les couleurs forment mon coloris.
    « Vit-on jamais variété pareille?
« La pourpre de la rose et l'albâtre du lis
« Dans ma coupe profonde éclatent réunis. »

Près de cette fleur vaine, une humble violette
    Était cachée à demi sous l'herbette.

Vous jugez avec quel dédain
L'examinait notre orgueilleuse.
« Quoi! l'on te souffre en ce jardin?
« Il te convient d'être honteuse,
« De t'enfoncer sous le gazon....
« Trop près de moi, tu crains qu'on te regarde,
« Toi dont on sifflerait la beauté campagnarde,
« Même sans la comparaison.... »
Elle continuait (la vanité bavarde),
Quand Annette, en sautant, dans le parterre entra.
Des couleurs de l'iris la tulipe parée
Frappa d'abord ses yeux. Annette l'admira;
Mais, par un baume pur doucement attirée,
Adieu la fleur au calice hautain;
Annette est au gazon, qui cherche la fleurette,
La cueille, la respire, et la met sur son sein.

Je l'ai dit, en mon temps, à plus d'une coquette :
Ignorer ses appas rend leur succès certain.

Le Gay.

HOMMAGE A LA TULIPE.

Brillant de rubis et d'opales,
La tulipe enfin a fleuri;
Près d'elle toutes ses rivales
Ont baissé la tête, ont pâli:
Rose, toujours présomptueuse,
Vois ton front altier s'abaisser;
Vois ta modestie orgueilleuse,
Violette, enfin s'éclipser.
Quand la violette baissée
Semble se cacher et vous fuir,
Voyez, sur sa tige élancée,
La tulipe à vos mains s'offrir.
Toujours d'un larcin téméraire
La rose cherche à se venger,
Quand la tulipe débonnaire
Vous dit: Cueillez-moi sans danger.
Moi te cueillir! fleur sans égale,
Ma main pourrait te profaner!
Les trésors que ta coupe étale,
Sitôt j'irais les moissonner!
Le temps, dans sa marche cruelle,
Flétrit trop vite la beauté:
Les dieux, en te créant si belle,
Te doivent l'immortalité.

ORIGINE DE LA TULIPE.

Mais quelle fleur plus fière, au milieu de ses sœurs,
Oppose à leurs parfums l'éclat de ses couleurs?
Mon œil a reconnu la tulipe inodore,
Jadis nymphe des champs, et compagne de Flore.
Protée était son père, et la fable autrefois
Consacra son malheur, qu'ose chanter ma voix.

A cette heure douteuse, où l'ombre, plus tardive,
Suit du jour qui s'éteint la clarté fugitive,
La nymphe, loin de Flore, hélas! loin, pour jamais,
Des champs et de son cœur goûtant l'heureuse paix,
Sous l'odorant feuillage où chantait Philomèle
Savourait du repos la douceur infidèle.
Zéphire l'aperçoit, et, d'un souffle enflammé,
Caresse des attraits dont son œil est charmé.
La fille de Protée, à cette douce haleine,
Entr'ouvre avec lenteur sa paupière incertaine,
Et ne voit pas encor dans son enchantement
Que ce bruit de Zéphire est la voix d'un amant.
Mais bientôt, à l'aspect du jeune époux de Flore:
« Déesse, à tes bienfaits si j'ai des droits encore,
« Dit-elle, contre un dieu qui trompe tes amours,
« J'implore ta vengeance, ou du moins ton secours. »

Tout-à-coup, ô prodige! une forme étrangère
La dérobe aux transports d'un desir adultère.
Son beau corps, dont Zéphyr presse en vain les appas,
En tige souple et frêle échappe de ses bras;
Ses cheveux qui tombaient en boucles agitées,
S'élevant sur son front en feuilles veloutées,
L'entourent d'un calice : un doux balancement
Semble prouver encor qu'elle craint son amant.
Le dieu veut, en parfums, respirer son haleine;
Ce baume de l'amour adoucirait sa peine :
Nul parfum ne s'exhale! et ce dernier desir
Prive la fleur d'un charme, et l'homme d'un plaisir;
Mais la nymphe héritant du secret de son père,
De cet art protecteur se fait un art de plaire;
Et trompant le regard par la variété,
De changeantes couleurs enrichit sa beauté.
Je vois errer Zéphyr : mais il ne cherche qu'elle,
Et s'il paraît volage, il n'est plus infidèle.

BOISJOLIN.

LA VIOLETTE ET LA TULIPE.

FABLE.

LA TULIPE
Oses-tu bien, chétive violette,
Te comparer à la plus belle fleur?
Vois ce calice et sa riche couleur,
Admire en moi cette tige parfaite.

On m'élève, on me pare avec un soin extrême,
Le riche me cultive...

LA VIOLETTE.
　　Et moi, le pauvre m'aime.
LA TULIPE.
Le fleuriste Tripet me met dans les journaux.
LA VIOLETTE.
La nature me place en des sites plus beaux,
Et du Zéphir léger la caressante haleine,
Me cherche quelquefois au bord de la fontaine.
LA TULIPE.
Je n'aurais jamais cru que vous fussiez si vaine;
Vous comparer à moi!
LA VIOLETTE.
　　Ce n'est point une erreur.

LA TULIPE.

Quels défauts ai-je donc?

LA VIOLETTE.

Vous n'avez point d'odeur.

LA TULIPE.

De l'odeur! ah! fi donc!... Les herbes des montagnes,
Le thym, le serpolet, parfument nos campagnes;
Dévorés par l'abeille et foulés sous les pieds,
Ces bouquets sans éclat meurent humiliés :
Les comparer à moi, c'est me faire une injure;
Je suis l'enfant de l'art...

LA VIOLETTE.

Et moi, de la nature.

LA TULIPE.

On me fait cependant bien plus d'honneurs qu'à vous,
Du soin de me parer mon maître est très jaloux :
Chaque saison, il s'étudie
A faire ressortir l'éclat de mes couleurs.

LA VIOLETTE.

Emblème de la modestie,
Je reçois plus que vous d'éclatantes faveurs.
A tous les rangs mon doux parfum doit plaire :
Vous n'avez point l'honneur, je crois,
De parfumer le sein de la bergère
Et le palais des rois.

Mais par un mot terminons la querelle.
Un beau garçon s'achemine vers nous;

Que nos débats soient jugés par ses goûts,
Un beau garçon choisira la plus belle.

La tulipe, à ces mots, montre encor son orgueil,
Aux regards du jeune homme avec art elle étale
Et ses riches couleurs et son brillant pétale ;
    Elle obtient le premier coup d'œil.
Ce qui ne plaît qu'aux yeux dans un instant s'oublie,
Le charme dure peu quand on n'est que jolie.
Attiré par l'attrait de la plus douce odeur,
Le beau garçon revient à la modeste fleur ;
Et lui faisant mainte et mainte caresse,
        Il la mit sur son cœur
        Et fut l'offrir à sa maîtresse.

Vous qui jusqu'à présent avez tant regretté
Des coquettes du jour les parures nouvelles,
    N'en croyez plus un éclat emprunté :
Le parfum est aux fleurs ce qu'est l'esprit aux belles.
                                E. GOSSE.

CATALOGUE
DES TULIPES ANCIENNES
LES PLUS RENOMMÉES.

A.

AGATHE ROYALE. — Trois couleurs, mais parfaitement distinctes et séparées les unes des autres. Pourpre clair avec du rouge, s'étendant en panaches dans beaucoup de blanc.

AGATHE CHAPELLE. — Rouge, avec un blanc fin et pur.

AGATHE SAINT-MARC. — Gris de lin, incarnat et blanc de lait pur.

AGATHE BRUNE. — Rouge brun et colombin très clair; estimée par l'effet de ses couleurs, quand elle vient à sa perfection.

AGATHE DENTELÉE. — Colombin chargé de rouge avec beaucoup de blanc.

AGATHE COSTE. — Gris de lin chargé, rouge vif et blanc, tirant sur le brillant du satin.

AGATHE DU VASSEUR. — D'un gris violet, avec beaucoup de blanc et fort peu d'incarnat.

Agathe Romaine. Colombin, avec un peu de laque.

Agathe robin. Elle a du pourpre, du rouge et du blanc.

Agathe du Mont isabelle. — Couleur de chair, de rouge et couleur de citron.

Agathe minime. — Quatre couleurs assez distinctes : le gris de lin, le jaune, l'amarante et le rouge.

Agathe gobelet. — Rouge cramoisi, colombin, blanc et jaune.

Agathe goblin. — Ornée de cinq couleurs qui sont l'incarnat, le rouge, le jaune, la laque et le chamois.

Agathe ferrari. — Couleur pourpre enfoncé, peu de blanc.

Agathe Morin. — Du pourpre et du gris sale, beaucoup de blanc forme le fond.

Agathe liante. — Amarante et blanc.

Agathe proserpine. Minime brûlé, jaune et citron terni.

Agathe amirale. — Gris de lin fiamette rouge vif, et blanc.

Agathe sans pareille. — Couleurs rouge cramoisi, colombin et blanc d'entrée.

Agathe satin. — Couleur de rose avec colombin et le fond blanc.

AGATHE DE TROIS COULEURS. — Rouge brûlé, mi-nime et couleur de citron : le tout brouillé.

AGATHE DE SAVOIE. — Violet, pourpre enfoncé et blanc.

AGATHE D'AST. — Rouge pourpre, rose sèche et blanc.

AGATHE D'ESPINE. — Blanc de lait, tacheté de rouge cramoisi clair.

AGATHE DU DRU. — Couleur de rose mêlée d'in-carnat, colombin, couleur citron et blanc terni.

AMARYLLIS. — Rose sèche, pourpre enfoncé et blanc d'entrée.

AMIRAL DE FRANCE. — Couleurs pourpre obscur, colombin clair et blanc, non d'entrée.

AMIRAL DU MANS. — Rouge de sang et blanc.

AMIRAL VALLIER. — Couleurs orangé, rose, ci-tron, blanc sale.

ALIDOR. — Couleur de feu avec un gris de lin enfoncé sur du chamois blanchissant.

ALBERTINE. — Petits traits pourprés par menus panaches, gris de lin clair et blanc.

AMARANTE. — Fond blanc sur lequel s'étendent des panaches amarantes.

AURORE. — Panaches menus d'un beau laque sur beaucoup de blanc.

AMINTE. — Couleur gorge de pigeon, rouge, jaune doré, et blanc.

AMARANTINE. — Panachée de pourpre sur blanc.

ADIMION. — Amarante avec un peu de rouge, blanc de lait.

AMIDOR. — Couleur fauve clair, avec un peu de rouge de l'Isabelle, jaunâtre et amarante.

AMIABLE. — Blanc de lait, rouge brun velouté.

ARGUS. — Couleur de feu, gris de lin, blanc de lait.

AUGUSTE LE GRAND. — Couleur de rose éclatante et blanc, non d'entrée.

B.

BELLE MORINE. — Rouge cramoisi, beaucoup de blanc d'entrée.

BELLE HÉLÈNE. — Rouge enfoncé ou sang de bœuf et blanc d'entrée.

BELLISSIME. — Couleur de pêcher, fleur de lin, blanc d'entrée.

BRABANÇONNE. — Blanc de lait, pourpre et un peu de rouge.

BOSUELLE. — Rouge de sang et jaune.

BELLE PERLÉE. — Incarnadin éclatant, beaucoup de blanc d'entrée.

BOURGEOISE. — Rouge vif tirant sur l'orangé, et blanc.

BELLE DE LA BARRE. — Pourpre, rouge et blanc,

comme la Brabançonne, mais il y a de la confusion aux panaches.

BELLINCOURT. — Couleur de feu et blanc.

BRANDEBOURG. — Rouge pâle, tirant sur le colembin et blanc terni.

C.

CÉDANULLE. — Cette tulipe ne le cède à aucune autre en beauté, soit pour la forme de la fleur, ou la disposition des couleurs, qui sont pourpre violet, avec un peu de rouge et beaucoup de blanc.

CAILLARDE. — Colombin chamois, incarnat et jaune doré.

CAMUSETTE. — Incarnat rougissant et blanc de lait.

CARLITE. — Pourpre et blanc.

CHINOISE. — Colombin, grisâtre, rouge et chamois.

CARMÉLIE. — Jaune paille et incarnat fort éclatant.

COLUMELLE. — Rose, rouge et blanche.

COQUILLE MARBRÉE. —Fleur de prunier, pourpre et blanc.

CANNELÉE. — Gris incarnat et jaune.

CÉSAR. — Laque chargée et beaucoup de blanc d'entrée.

CUPIDON. — Violet d'évêque, pourpre, clair et blanc.

CÉLESTE. — Gris lavande, un peu de rouge et blanc de lait.

COURONNE ARDENTE. — Blanche et par le milieu couleur d'agriotte.

CITADELLE. — Pourpre, gris de lin fort pâle et blanc.

COMTESSE ALGUISE. — Panachée de jaune et rouge: très belle.

CÉLESTE AUGUSTINE — Panachée de violet, de blanc, fond bleu.

CORINTHIE. — Jaune doré, blanc et rouge.

CÉLESTINE. — Blanc de lait et violet pourpré.

D.

DUCHESNE. — Peu de rouge, pourpre et blanc de lait d'entrée.

DOLINCOURT. — Pourpre, rouge et blanc de lait.

DULCINE. — Blanc de lait et laque.

DORADE. — Chamois blanchissant et rouge.

DORILÉE. — Violet et blanc de lait.

DRAP D'ARGENT. — Panaché, pritannière.

DUCALE. — D'un beau rouge et blanc.

DUPONT.—Colombin, chargé de rouge et jaune blanchissant.

DORIS. — Rouge très vif et piéce emportée de blanc de lait.

DORAMIE. — Pourpre, gorge de pigeon, et jaune blanchissant.

DOM CHATIAU. — Violet, cramoisi, pourpre et blanc.

DORIMÈNE. — Laque, violet et blanc.

DELAUNAY. — Pourpre, gris de lin et blanc.

DORINDE. — Colombin, rouge et jaune blanchissant.

DULESME. — Laque, blanc très net et rouge.

E.

ÉTOILÉE — Beau violet et blanc.

ÉLYSÉE. — Pourpre violet et blanc, dès son entrée.

ÉRIMANTE. — Rouge, feuille morte et jaune, fort belle.

ENFRASQUE. — Rouge et blanc de satin.

EURISTÉE. — Colombin mélé de blanc, fin panache.

F.

FRONTEVALE. — Couleur de rose, rouge et blanc.

Faustine. —Colombin rougeâtre, blanc satiné, fond bleu, très bien panachée.

Frigienne. — Panachée d'un rouge écarlate, avec blanc de lait.

Fleurincourt. — Panachée d'un haut pourpre, avec un blanc de lait et peu de rouge : l'une des plus belles fleurs pourpres.

Feuille d'Esdine. — Beau nacarat et rouge fort brun.

Flamboyante de Tunis. — Rouge brûlé, jaune brouillé tirant sur le citron.

Flamboyante blanche. — Panachée d'un beau rouge brun, sur fin blanc.

Flamme de Lille. — Panachée de rouge tendre et rouge de feu.

Filandre. — Panaché fin, beau pourpre sur du blanc.

Frère Jean. — Couleur de laque vive, blanc.

G.

Georgienne. — Panachée blanc et pourpre foncé.

Général Picot. —Haut pourpre, blanc de lait.

Galathée. — Panachée isabelle blanchissant et jaune doré.

GRANDE BRABANÇONNE. — Rouge cramoisi, colombin et blanc.

GÉNÉRAL GONDA. — Incarnat fort éclatant et blanc.

GLORIEUSE. — Isabelle tirant sur le jaune et rouge doré.

H.

HOLOPHERNE JASPÉE — Pourpre et blanc de lait brouillé.

HAZARD ROBIN. — Rouge cramoisi et blanc.

HAZARD DRU. — Incarnat, rose, nacarat, colombin et blanc d'entrée.

HERCULE. — Rouge de sang, blanc de lait.

HARDY LA BELLE. — Jaune tirant sur citron, rouge safran et blanc.

HÉRON. — Violet et blanc de lait.

HÉLIODORE. — Orange jaune, gris de lin et rouge, rare.

I. J.

JUSTINE. — Panachée de deux rouges sur un fond satin.

JASPÉE TUDER. — Tristamin, rouge mort, jaune blanchissant.

JASPÉE DE HARLEM. — Tristamin couvert, semé de larmes rouges.

Jolicourt. — Couleur de tuile, rouge et jaune.

Impériale. — Pourpre brun, un peu de rouge et blanc de lait.

L.

Lisa. — Rouge, orangée et jaune par menus panaches.

La Duchesse. — Blanc, pourpre et rouge.

Lorette. — Rouge, tirant sur la couleur de rose et blanc.

Larmoye. — Gris de lin et blanc de larmes.

Livia. Beaux panaches violets sur du blanc.

Leblin. — Beau violet, séparée d'un blanc naissant par du rouge.

M.

Montfort. — Incarnat rouge, chamois sur blanc.

Mayenne. — D'abord incarnat et chamois, puis colombin et rouge.

Mélicié. — Incarnat, blanc et couleur de rose.

Morillon chirat. — Incarnat tirant sur rose et blanc.

Morillon zuret. — Rouge, couleur de rose, citron terni.

Morillon parfait. — Rouge cramoisi et blanc

MORILLON PICARD. — Rouge sur incarnat, beaucoup de blanc.

MORILLON DRU. — Couleur de grenade, jaune, citron et blanc.

MORILLON CLOUTIER. — Panaché d'un beau nacarat et incarnat et blanc.

MORILLON SUR BRUN. — Rouge cramoisi, sang de bœuf, blanc vif.

MÉLIDOR. — Panachée d'incarnat sur blanc de lait.

MONSTERCULLE. — Panachée d'un violet cramoisi sur beaucoup de blanc.

MORINE. — Incarnat chargé, bien panaché sur un beau blanc.

MARBRÉE DE BOTRO. — Gris de lin mourant, beau rouge, incarnat vif.

MONSTRE DOUBLE. — Rouge, orangé et jaune; elle a plus de cent vingt feuilles; toujours extrêmement brouillée.

MONSTRE SIMPLE. — Rouge et jaune, sa fleur ressemble à un drap d'or : elle doit le nom qu'elle porte à sa grandeur.

MERVEILLE D'AMSTERDAM. — Gris de lin vif et blanc.

MÉLINDE. — Beau pourpre, rouge et blanc de lait.

Miroir de beauté. — Jaune souffre, pourpre foncé.

Merveille printanière. — Blanc de lait, pourpre vif.

N.

Nièce. — Rouge sur fond blanc satiné.

Noirlis. — Rouge, gris de lin, très beau blanc.

Nouvelle d'Hollande. —Blanche de lait et picotée indistinctement de pourpre clair.

O.

OEil de beauté. —Couleur de blanc de perle, incarnat vif et pourpre foncé, se panachant bien.

Oculus. — Beau rouge brun sur blanc de lait.

Olinde. —Panaches menus de rouge et incarnat sur le bord des feuilles qui sont entièrement blanches.

Ondée. — Tulipe rare pour son verd et sa perfection ; fleur blanche.

Opale. —Colombin chargé, jaune doré, rouge et blanc, mais brouillée.

Orientale parfaite. — Pourpre vif, incarnat et gris de brique.

P.

PASSEZAIBLON. — Beau violet, pourpre et blanc de lait.

PAMPHILIE. — Beau gris de lin bordé de pourpre, panachée de blanc de lait, à grandes pièces comme appliquées.

PAPILLONNE. — Isabelle jaunissant, rouge doré, panaches fins.

PENSÉE. — Couleur de pensée et blanc de lait.

PRÉTENDUE. — Panachée d'un beau laque sur du blanc.

PALLAS. — Pourpre et blanc.

PROSERPINE. — Rouge, chamois et beau jaune doré.

PAYSANNE. — Rouge sang de bœuf, colombin et blanc.

PANACHÉE DE PARIS. — Rouge éclatant et beau blanc d'entrée.

PANACHÉE DE CAEN. — Rouge éclatant et blanc à grands panaches.

PALTOT LÉDANUS. — Rouge très vif, jaune clair.

PÉRUVIENNE. — Incarnadin vif et blanc.

PHOENIX. — Panachée d'un beau rouge brun sur un blanc satin.

Pucelle nichon. — Rouge d'écarlate, colombin et blanc.

Présidente. — Couleur de rose tirant sur incarnat, blanc d'entrée.

Parangon d'Acosta —Pourpre, rouge cramoisi, gris et blanc.

Q.

Quatricolor. — Feu, colombin chargé, chamois et blanc de lait.

Quirinus. — Rouge velouté, colombin et blanc de lait.

R.

Rosée. — Incarnat chargé et blanc.

Raphaelle. — Rouge, orangé et jaune.

Rochefort. — Rouge isabelle et gris.

Richemont. — Beaux panaches de gris de lin et rouge sur blanc.

Robinette. — Amarante, rouge, pourpre et blanc, non d'entrée.

Richeval. —Bien panachée de violet, lavé sur du blanc.

Reine. — Amarante, pourpre et blanc d'entrée.

S.

Sultane. — Pourpre, rouge et blanc pâle.

Scipion. — Rouge vif, jaune blanchissant.

Sabine. — Panachée de beau gris sur du blanc.

Solimène. — Peu haute; elle est beau pourpre et blanc.

Satinée. — Blanc de satin panaché d'un beau rouge.

Spécieuse d'Huart. — Pourpre, rouge clair, colombin et blanc.

Spécieuse. — Beau pourpre violet, avec panaches blanc; les étamines sont d'un bleu si brun, qu'elles paroissent noires.

T.

Tarante tardive. — Blanc de perle, panaché de rouge vif.

Tamise. — Panachée de pourpre, violet et blanc.

Toujours belle. — Blanc naissant et rouge pâle; elle ne change pas.

U.

Unique de Caen. — Grands panaches d'un rouge éclatant sur blanc.

UNIQUE DE DELPHES. — Beau violet et blanc, partagé par un peu de rouge.

V.

VÉNITIENNE. — Rouge en panaches, beau chamois blanchissant.

VICE-ROI. — Pourpre violet, beaucoup de blanc.

VILLEMAREST. — Violet clair, peu de pourpre et blanc vif.

VIRGINIE. — Panachée d'incarnadin sur blanc, avec des pièces détachées, semblables à des gouttes de sang.

Z.

ZAMET. — Colombin tirant sur le rose, chamois et rose clair.

ZEILANDE. — Grands panaches, violet d'évêque, bordés de couleur de feu, sur un très beau blanc.

ZURANDALE COMMUNE. — Panaches rouges, séparés régulièrement avec du blanc, sur lequel ils s'étendent.

ZURICH LA MERVEILLEUSE. — Pourpre fin, gris de perle, minime brute sur blanc fin, par panaches fins et détachés.

CATÁLOGUE

DE QUELQUES UNES DES TULIPES MODERNES
LES PLUS CONNUES DES AMATEURS.

A.

Abbé (l') Delille.	Amaranthe en citron.
Abisac.	Brun , fond jaune clair.
Absalon.	Violet vif, fond blanc.
Achélonée.	Lilas empourpré,. fond blanc.
Achille.	Violet pourpré, fond blanc.
Actéon.	Bizarre jaune, noir et brun.
Adéle.	Incarnat cramoisi , fond blanc.
Africaine (l').	Fond rosé vif et or.
Agamemnon.	Amaranthe, fond blanc.
Agathe.	Couleur agathe et fauve.
Agathe clairvoyante.	Violette, cramoisie , fond blanc.
Agathocle.	Bizarre, jaune et blanc.
Aglaë.	Amaranthe, fond blanc.
Agnès Sorel.	Rose pourprée; fond blanc.
Agréable.	Lilas , jaune, blanc et noir.

Aigle triomphante.   Amaranthe, fond blanc souffré.

Ajax.   Maron, brun, fond jaune

Alcibiade.   Violet panaché de jaune.

Alexandrine.   Violette, fond blanc.

Alexandrine Bouderot.   Maron en or.

Alexandrine Dota.   Bois cannelé en jaune.

Alphabet.   Feu vif en or.

Alpha de Vienne.   Feu vif en or.

Alpha Drieu.   Laque, fond citron.

Amatalide la Jonchère.   Fine agathe, empourprée, à traits jaunes.

Ambleteuse.   Violette, fond blanc.

Anacréon.   Violet, fond blanc.

Andromaque.   Violette, fond blanc.

Angélique.   Cire d'Espagne, fond blanc.

Annette.   Violette, pourprée, panachée de blanc.

Antigone.   Amaranthe et jaune.

Antiope.   Cramoisi, fond blanc.

Antoinette.   Amaranthe, fond blanc.

Apollon.   Cramoisi violet, fond blanc et serin.

Arabe (l').   Lilas, jaune, brun et blanc.

Arbre de Diane.   Rose, incarnat, fond blanc.

Arc-en-ciel.   Agathe à traits pourprés, fond huilé.

Archevêque de Paris (l').   Violet pourpré, fond blanc.

Archidiacre.   Violet, en citron plaqué
                                 blanc et noir.
Archiduchesse d'Autriche. Violette, fond blanc.
Aristarque.   Violet, en citron.
Aristote.   Cerise, fond blanc.
Armide.   Cramoisi, fond blanc.
Arthémise.   Cramoisi, fond blanc
                                 souffré.
Aspasie.   Violette foncée en citron.
Azémia.   Beau cramoisi à traits noirs,
                                 fond blanc.

B.

Bagriel.   Violet, fond blanc.
Baguette moutardière.   Violet tendre, bleuâtre,
                                 fond blanc.
Balechou.   Brun en citron.
Baronne.   Pourpre enfumé, traits
                                 bruns, fond citron.
Beau cramoisi.   Cramoisi, fond blanc.
Belle amaranthe.   Amaranthe, fond blanc.
Belle de Cachemire.   Rose, fond blanc.
Belle Émilie.   Rouge vif, pourprée, fond
                                 blanc.
Belle flamande.   Pourpre bleu, fond blanc
Belle fleur fine.   Agathe, fond blanc.
Belle forme.   Cramoisi, fond blanc.
Belle Hélène (la).   Rose, fond blanc.

Belle Indienne (la).	Lilas , pourpré, fond blanc.
Belle Napolitaine (la).	Violette pourprée.
Bellone.	Noisette.
Bergère (la).	Violette , fond blanc.
Béthulie.	Violette, gris de lin , fond blanc.
Betzy.	Violette, gris de lin; fond blanc.
Biche de Sartorius.	Couleur fauve.
Bichonne.	Couleur fauve.
Bien venue (la).	Violette, gris de lin , pourprée , fond blanc.
Bizarre Étrange.	Ardoisée en citron.
Bizarre Patriarche.	Maron et brun foncé, fond jaune huilé.
Blanc Vert-Pré.	Cramoisi, fond blanc.
Blandula.	Rose pourpré, fond blanc.
Bonaparte (la).	Violet pourpre , jaune, blanc et noir.
Brigitte.	Pourpre lamé de noir en agathe huilé.
Brillantine.	Lin empourpré , brillant fond blanc citronné.
Brisetout.	Violet, fond blanc.
Britannicus.	Feu vif en bel or.
Bruna.	Bois brun, noir et jaune.
Brutus.	Amaranthe, fond blanc soufré.

C.

Calhirette.	Bois rougeâtre fondu en huile.
Calipso.	Cramoisi, fond blanc.
Caliste.	Couleur de sang, fond blanc.
Calistène.	Pourpre, fond blanc.
Calliope.	Violet rougeâtre en serin.
Canadienne (la).	Violette, fond blanc en citron.
Canaute.	Violette, fond blanc.
Capricieuse (la).	Violette, fond blanc.
Cardinal (le) de Bernis.	Feu et or superbe.
Cardinal (le) de Malines.	Violet clair, fond blanc.
Cardinale (la).	Feu éclatant.
Caroline.	Violette claire, fond blanc.
Cassiope.	Cerise, fond blanc.
Castorine.	Grise, jaune et noire.
Catafalque de Viescourt.	Violet, fond blanc.
Catherine II.	Cramoisie, pourprée, fond blanc.
Caton.	Bizarre, jaune et blanc.
Célestina.	Violette cerise, fond blanc.
Cercle de l'empire.	Rose violet, fond blanc.
Cerise haute tige.	Cerise cramoisie, fond blanc.

Charlotte.   Rose et cramoisi, fond blanc.

Charmante Féburier.   Violette plaquée de noir, fond blanc.

Chartreuse (la).   Violette gris de lin, pourprée, fond blanc.

Chauve souris (la).   Gris foncé, violette, fond blanc.

Chloris.   Violette, fond blanc.

Choisie (la).   Rose, fond blanc.

Christiern.   Violet pourpre, fond blanc.

Cicéron.   Lilas tendre, lamé de brun, fond blanc.

Cire d'Espagne.   Rouge de cire, avec brun, sur fond or.

Cire d'Espagne (*bis*).   Éclatanée, fond or.

Citoyenne (la).   Violette, fond blanc.

Claire de Versailles.   Violette, fond blanc.

Clémence.   Rouge, cramoisi, fond blanc.

Cléopâtre.   Pourpre, fond blanc.

Cletha.   Feu en bel or.

Cœur aimable.   Cire d'Espagne, fond blanc.

Colinette.   Carmin, fond blanc.

Collinette (la).   Cerise, fond blanc souffré

Colombine.   Violette, fond blanc.

Comte d'Artois (le).   Bizarre violet.

Comte du Nord (le).   Violet, lilas pourpré, fond blanc.

Comtesse d'Artois (la).	Violette à traits noirs, fond blanc.
Comtesse de Brabant.	Rose cramoisi, fond blanc soufré.
Comtesse de Flandre.	Violette cramoisie, fond blanc.
Comtesse de Flandre (nouvelle).	Pourpre, fond blanc.
Cordon (le) bleu.	Pourpre, fond blanc.
Corisandre.	Violette, fond blanc.
Coryphée.	Rose fond blanc.
Cramoisi-Dieu.	Cramoisi, fond blanc.
Crémer (la).	Rose, fond blanc soufré.
Crisès.	Sang de Bœuf, fond blanc.

D.

Dame-Jeanne.	Rose rayé de sang, fond blanc.
Danaé.	Carmin pourpré, fond blanc.
Darius.	Bois brun doré.
Dauphin (le).	Brun doré.
Dauphine.	Lin violet, fond huilé, très gros vase.
Déesse (la) Isis.	Rose cerise fond blanc.
Deharme (la).	Feu brun en bel or.
Délice de Flore.	Rose, fond blanc.
Délice de Flore (bis).	Rouge incarnat, fond blanc.

Démétra.	Bois brun et jaune.
Demiuette.	Violet, cramoisi, fond blanc.
Denisette.	Bleu violet, fond blanc.
Dericie.	Feu mêlé de jaune.
Désirée.	Pourpre foncé, plaqué de noir, fond blanc.
Didon.	Pourpre, fond blanc.
Discorde (la).	Amaranthe pourprée, fond blanc.
Dorothée.	Cerise cramoisi fond blanc.
Doucette.	Pourpre et or à traits noirs.
Doux hyménée (le).	Rose pourpré, fond blanc.
Duc d'Angouléme (le).	Ardoisé, jaune et noir.
Duc de Sully (le).	Feu panaché de jaune.
Duchesse d'Angoulémé.	Violette pourprée, fond blanc.
Duchesse de Cléves (la).	Amaranthe, rose, fond blanc.
Duchesse Hamilton.	Rose fond blanc.
Dulcinée.	Couleur biche.

E.

Écossaise (l').	Bois brun doré.
Égée.	Bois brun, noir et or.
Églé-Drieux	Lilas empourpré, fond blanc.
Égyptienne.	Violet et brun, fond blanc.

Élégante Chabouillet.   Bois brun doré.
Éléonore de Guyenne.   Cramoisi, fond blanc.
Élisa.   Pourpre, fond blanc.
Élise.   Rose incarnat, fond blanc.
Émilie.   Rose, fond blanc.
Empereur d'Autriche (l').   Bois brun vif en or.
Empereur des Français (l').   Bois brun doré.
Empereur de Russie (l').   Violet rougeâtre, fond blanc.
Empereur Rodolphe (l').   Rouge incarnat, fond blanc.
Encyclopiade.   Cramoisi, fond blanc.
Esculape.   Brun vif en or.
Espagnole (l').   Feu, fond blanc.
Étoile (l') du matin.   Violette, fond blanc.
Étoile (l') polaire.   Feu, fond blanc.
Eucharis.   Pourpre et violet, cramoisi et blanc citronné.
Eudoxie.   Cerise, fond blanc.
Eugénie.   Bizarre, fond rosé.
Eugénie (bis).   Violette, fond blanc.
Euphrase.   Gris de lin, fond blanc.
Euphrasie.   Violet cramoisi et cerise en blanc citronné.
Euphrate (l').   Lin en citron.
Européenne (l').   Agathe gris de lin en citron.
Évêque de Tournay (l').   Violet fond blanc.

F.

Fanny.	Violette, fond blanc.
Fatime.	Violet empourpré, fond blanc.
Fauvette (la).	Mordoré vif en or.
Favorite (la).	Lilas, fond blanc.
Favorite de Gellisser.	Pourpre noir, fond blanc.
Félicité.	Bizarre, violette en agathe.
Feu de sultane.	Rose foncé vif en or.
Feu éternel.	Feu orangé avec un peu d'or.
Feu incendiaire.	Feu.
Feu Saint-Germain.	Feu vif en or.
Fidéle maîtresse.	Amaranthe, fond blanc.
Financière (la)	Bois brun foncé en or.
Finette	Rose, fond blanc soufré.
Flamande.	Lin pourpre sur blanc citronné.
Flammée ou Sang de bœuf.	Sang de bœuf, fond blanc.
Florida.	Violet pourpré, fond blanc.
Fond noir.	Pourpre, fond blanc.
Formose.	Lilas et noir, fond blanc.
Franchise.	Amaranthe noir et blanc.
Françoise.	Rose, fond blanc.
Franka.	Lin en citron.

G.

Galantine.	Gris de lin, citron et blanc.
Galatée.	Violette, fond blanc.
Garre les yeux.	Cramoisi, fond blanc.
Garre les yeux (bis).	Violette, fond blanc.
Général (le) Chompield.	Bizarre Amaranthe.
Général Schenfeld.	Pourpre, fond serin.
Geneviéve.	Bizarre, feu abricoté.
Génie Napoléon.	Feu vif noir et or.
Génoise (la).	Amaranthe, fond blanc.
Gentille (la).	Violette, fond blanc.
Georgette.	Violette, fond blanc.
Glorieuse.	Cerise pourpre, fond blanc.
Gouffier (la).	Beau feu et or.
Grand aumônier (le).	Violet pourpré, fond blanc.
Grand duc de Berg.	Violet jaune et blanc.
Grande duchesse de Parme.	Cramoisi pourpré, fond blanc.
Grande duchesse de Toscane.	Amaranthe, fond blanc.
Gris de lin.	Bizarre panachée de jaune.
Griselda (la).	Amaranthe, fond blanc.

H.

Harmonie.	Feu vif en or.
Hector.	Rouge, fond blanc.
Hélénus.	Lilas, fond blanc.

Héloïse.	Violette, fond blanc.
Henriette de Bourbon.	Violette pourprée, fond blanc.
Hercule.	Feu vif en or.
Herminia dota.	Cramoisi et blanc.
Hermite (l').	Bizarre, bois brun doré..
Hérodias.	Rose et citron.
Hongroise (la).	Carmin, fond blanc.
Honneur.	Violet, cramoisi et or, fond blanc.
Honoré.	Violet, fond blanc.
Honorine.	Brun doré sur violet.
Horace.	Lilas en noir, fond blanc.
Hortense.	Bizarre rose, jaune et carmin.
Hortense (*bis.*)	Rose cerise, fond blanc.

I.

Imbert (la).	Violette, fond blanc.
Impératrice de Russie (l').	Violet, fond blanc.
Impératrice Joséphine (l').	Cramoisi et rouge brun, fond blanc.
Incendiaire.	Rouge brun sur fond or.
Inès de Castro.	Feu rosé, fond jaune clair.
Ingénieux (l').	Violet pourpre, très foncé, fond blanc.
Ingénue. (l').	Violet plaqué de noir, fond blanc.

Introït.	Feu et brun, fond jaune.
Invincible (l').	Cerise foncé, fond blanc.
Irato (l')	Bizarre brun, jaune et noir.
Irène.	Violet lilas, fond blanc.

J.

Jean-Jacques Rousseau.	Jaune paille et noir.
Jenny.	Amaranthe, fond blanc.
Jenny (nouvelle).	Violette pourprée, fond blanc.
Joconde.	Feu mêlé de jaune clair.
Joseph Bonaparte.	Bois brun en Agathe.
Jules César.	Violet, fond blanc.
Julie.	Cerise clair, fond blanc.
Juliette.	Carmin et jaune, fond blanc.
Justine.	Lilas brun en citron.

K.

Kéréamonti.	Sang de bœuf à traits bruns, fond blanc.
King George.	Violet terne empourpré, fond blanc.
Kœdina Dola.	Bois en or.

L.

Laurette.	Violet, fond blanc.
Léandre.	Incarnat, fond blanc.

Léda.	Cerise, cramoisie et jaune.
Léon X.	Feu vif.
Léontine.	Violette pourprée jaune et blanc.
Léopold.	Violet, fond blanc.
Libie.	Bizarre bois clair en or.
Lilloise.	Violette, fond blanc.
Lin brillant.	Bois rosé et or.
Linnée.	Gris de lin pourpré, fond blanc.
Linorette.	Lin empourpré en agathe, fond blanc huilé.
Lisbeth.	Cramoisi, fond blanc.
Lisette.	Bizarre, fond cerise.
Lolotte sur Calypso.	Cramoisi, fond blanc.
Louis XVI de Courtray.	Violet clair, fond blanc.
Louis XVI de Liége.	Violet pourpré, fond blanc.
Louis XVI de Lille.	Pourpre, fond blanc.
Louis XVI de Maëstricht.	Violet pourpré, fond blanc.
Louis XVI de Tournay.	Violet pourpré, fond blanc, plaqué de noir.
Louise.	Gris de lin, fond blanc.
Lucette.	Jaune clair et brun.
Lucile.	Bois olive.
Luzette.	Cerise, fond blanc.

M.

Magdeleine.	Violette pourprée, fond blanc.
Magnifique (le).	Violet et jaune.
Magnifique gris de lin.	Lilas foncé à traits bruns, fond blanc.
Marc-Antoine.	Violet rayé de noir.
Marceline.	Pourpre, fond blanc.
Marcus Sextus.	Violet, fond blanc.
Marguerite.	Rose pourpré, fond blanc.
Marguerite Féburier.	Cramoisi fond blanc.
Mariée (la).	Couleur fauve huilée.
Marie-Louise Drieux.	Rose, fond blanc pourpré.
Marie Stuart.	Rose cramoisi pourpré, fond blanc.
Marie-Thérèse.	Violet clair, fond blanc.
Matróne (la).	Rose, fond blanc.
Maximilien.	Violet, fond blanc.
Médée.	Violette gris de lin, fond blanc.
Médor.	Cramoisi, fond blanc.
Mélanie.	Violette pourprée, fond blanc.
Méléagre (le).	Violet pourpré, fond blanc.
Mélicerte.	Cerise cramoisi, fond blanc.
Mère brune de Wolphe.	Violette et brune, pourprée, fond blanc.

Merveille Besnard.	Lin, lilas et citron.
Merveille d'Europe.	Cramoisi, fond blanc.
Mignon de France.	Cerise, fond blanc.
Milanaise (la).	Lin en citron.
Milord.	Violet à traits noirs, fond blanc citronné.
Milton.	Agathe lin et brun.
Mimier.	Rose, fond blanc.
Mine d'or.	Vineux vif et or.
Minerve.	Amaranthe en citron.
Mingrélienne.	Lin rougeâtre en huile.
Mirabeau.	Lilas, jaune et blanc.
Monime.	Violette fond blanc.
Mont (le) Etna.	Feu, jaune et brun.
Mont (le) Vésuve.	Bois brun, bronze doré.
Myrtilde.	Bois huilé.

N.

Narcisse.	Violet, fond blanc.
Nausicaë.	Bois brun doré.
Neigrette (la).	Violette foncée, fond blanc.
Nestorie.	Gris de lin, cramoisi et citron pâle.
Nicomède.	Bois et bel or.
Nina.	Lilas, fond blanc.
Ninette.	Rose, fond blanc.
Ninon.	Violette, fond blanc.
Nouvelle connoissance.	Feu pourpré, fond jaune.

O.

Octave.	Bizarre, cerise foncé.
Octavie.	Cerise, jaune et blanc.
Oracle (l') du jour.	Lilas foncé , fond blanc.
Oracle (l') du siécle.	Rose incarnat, fond blanc.
Orange.	Bois marron en or.
Orangère (l');	Feu, fond blanc.
Oriade.	Lin et pourpre rougeâtre en huile.
Oriflamme.	Pourpre rougeâtre et feu en citron.
Ornement (l') du Parc.	Rouge cramoisi, fond blanc.

P.

Palmire.	Violette pourprée , fond blanc.
Pandore.	Violet en petit citron.
Panurge.	Bizarre violet.
Pape (le).	Carmin, fond blanc.
Paradis terrestre.	Violet, fond blanc.
Parisatis.	Couleur cuivrée.
Passage des Alpes.	Violet pourpré, fond blanc.
Passage des Alpes (*bis*).	Violet cramoisi pourpré, fond blanc.
Passage du Danube.	Cramoisi, fond blanc.
Passage du Danube (*bis*).	Cramoisi foncé, fond blanc.
Passe Arbre de Diane.	Incarnat, fond blanc.

Passe clairette.	Violet tendre en citron pâle.
Paul 1er.	Bois brun doré.
Pauline.	Carmin, fond blanc.
Pégase.	Violet pourpré, jaune et blanc.
Peinture.	Agathe et rouge brun, fond citronné.
Pélor.	Incarnat fond blanc soufré.
Pélor (nouvelle).	Rose incarnat, fond blanc.
Pélor (nouvelle) (*bis*).	Incarnat, fond blanc.
Peter Lajonchère.	Rouge sur bleuâtre, fond blanc.
Philaminte.	Violet amaranthe, fond blanc.
Philippique.	Violet rougeâtre en blanc jaunâtre.
Phlégéton (le)	Feu très vif.
Pie (la),	Violette plaquée de noir, fond blanc.
Pie VII, ou Chiaramonti.	Amaranthe pourpre, fond blanc.
Pierrefitte.	Lin en agathe et huile bien fondue sur arc-en-ciel.
Piété (la) d'Énée.	Violette, fond blanc.
Pigée.	Cramoisi, fond blanc.
Pigeonnette.	Rose tendre, fond blanc.
Pigeonnette (*bis*).	Lie de vin, fond soufré.

Plutarque.	Bizarre feu.
Pluton.	Feu et or.
Pochol.	Feu mêlé de jaune.
Pochol (*bis*).	Feu et or.
Pochol (nouveau).	Feu cramoisi en bel or.
Polidor.	Rouge panaché de noir, fond blanc.
Polixène.	Vineux, fond blanc.
Pomone.	Amaranthe en agathe.
Pompadour (la).	Fond cerise jaune et blanc.
Pompe funèbre.	Violette pourprée, fond blanc.
Pompeuse (la).	Violette cramoisi, fond blanc.
Pontel.	Bois brun en or.
Porosa.	Feu très vif.
Précieuse (la).	Violette pourprée, fond blanc.
Prince de Canino.	Feu vif en bel or.
Princesse Borghèse.	Rose, fond blanc.
Princesse de Deux-Ponts.	Violette pourprée, fond blanc.
Princesse de Galles.	Violette pourprée, fond blanc.
Princesse d'Orange.	Feu capucine.
Princesse des Asturies.	Cerise et feu, fond blanc.
Princesse Lamballe.	Violet pourpre en citron pâle.

Psyché.   Rose, fond blanc.

Pucelle (la) d'Orléans.   Violette, fond blanc.

Pyrame.   Bizarre, cramoisi et blanc.

R.

Ramoneur (le).   Bizarre brun, puce et jaune.

Rayé de rouge.   Ponceau, fond blanc.

Reine d'Afrique.   Violette foncée pourprée, fond blanc.

Reine de Bavière.   Rose, fond blanc.

Reine de France ou Cadière.   Lilas, noir et jaune, fond blanc.

Reine de France, de Tournay.   Violette pourprée, fond blanc.

Reine de Hollande (la).   Violette, fond blanc.

Reine de Hollande (*bis*).   Feu pourpré, fond blanc.

Reine des Egyptiens.   Marron citronné, cramoisi, fond blanc.

Reine des Flamands.   Violette fond blanc.

Reine des Maures (la).   Violette pourprée, fond blanc.

Reine d'Espagne.   Rose cramoisi, fond blanc.

Reine d'Espagne (*bis*).   Pourpre clair, fond blanc.

Reine des violets.   Violette, fond blanc.

Reine de Westphalie.   Rose pourprée, fond blanc.

Renaud.   Bois brun et jaune.

Riche couleur.   Cramoisi, fond blanc.

Riche couleur (*bis*). Rose, rouge cramoisi, fond blanc.

Richesse des Indes. Violette ardoisée, fond blanc.

Richesse des Pays-Bas. Violet, fond blanc.

Roi (le) des cerises. Cerise, fond blanc.

Roi (le) des cramoisis. Cramoisi, fond blanc.

Roi (le) des Maures. Panaché de pourpre gai et violet noir sur fond blanc.

Roi (le) des Romains. Cramoisi, fond blanc.

Romance. Violette bizarre, fond blanc.

Romance (*bis*). Violette, fond blanc soufré.

Romance-Gouffier. Violette, fond blanc.

Roméo. Bizarre, fond brun.

Rosalie-Bénard. Feu cerise pourpré, fond jaune.

Rosalie-Fontaine. Rose marbré, fond blanc.

Rose aimable. Rose, fond blanc.

Rose brillante. Rose, fond blanc,

Rose camuse. Rose, fond blanc.

Rose cire d'Espagne. Rose marbré, fond blanc citronné.

Rose de mai. Rose, fond blanc.

Rose la Reine. Rose, fond blanc.

Rose prieurale.	Rose et cerise, fond blanc.
Rose prime.	Rose, fond blanc.
Rose quarte.	Rose, fond blanc..
Rose unique.	Rose abricoté, fond blanc citronné.
Rosette.	Violette, fond blanc.
Roxelane.	Cramoisi, fond blanc.

S.

Salomée.	Bizarre, violet, jaune et blanc.
Sang de pigeon.	Couleur de sang, fond blanc.
Sapho.	Cerise, fond blanc.
Sauterelle (la).	Ardoisée en citron.
Scilla Drieux.	Carmin, fond blanc.
Scilla Gouvernet.	Carmin, fond blanc.
Scipion.	Violet amaranthe, pourpré, fond blanc.
Scipion l'Africain.	Jaune et violet, fond blanc.
Sémiramis.	Rose incarnat, fond blanc.
Sésostris.	Peinture agathe.
Sicilienne (la).	Violette pourprée, fond soufré.
Sigigambise.	Cérise pourpré, fond blanc.
Sophronime.	Amaranthe, fond blanc.
Sourd (le).	Bizarre, feu sombre.

Soyer (la).	Lin en citron.
Stéphanie (la).	Violette pourprée , fond blanc.
Sublime d'Arras.	Amaranthe, fond blanc.
Sultane.	Violette claire, fond blanc.
Superbe bleu flocon.	Bleu violet, fond blanc.
Superbe gris de lin.	Gris de lin bleuâtre, fond blanc.
Surpasse paradis terrestre.	Violet, fond blanc.
Surprise (la).	Cramoisi, fond blanc.
Surzette.	Cramoisi vif, fond blanc.

T.

Taffetas rose.	Violet clair à traits noirs, fond blanc.
Tanaro (le).	Brun pourpré, en citron.
Tancréde.	Bizarre pourpre et jaune.
Tarcille.	Rose fond blanc.
Tarentule (la).	Rose cerise, fond blanc.
Télémaque.	Feu et or.
Tendresse (la).	Violette pourprée, fond blanc.
Thalie.	Feu clair en bel or.
Théano.	Violet pourpré et or.
Thémistocle.	Bizarre, lilas clair, jaune et blanc.
Théodore.	Feu très vif en bel or.

Thérèse.	Lin brillant rayé de noir et blanc.
Thétis.	Feu en or.
Thisbée.	Violette, fond blanc.
Titus.	Violet pourpré, fond blanc.
Toilette du matin.	Violet ardoisé.
Tombeau de Louis XVI.	Violet pourpré, fond blanc.
Trésor de Hollande.	Feu en citron.
Trésorière.	Bois maron en or.
Triomphe de Maëstricht.	Cerise cramoisi, fond blanc.
Triton.	Amaranthe rosé en bel or.

U.

Uranie.	Feu clair citronné.

V.

Van-Astroom (la).	Amaranthe pourpré, fond blanc.
Veuve (la) du Malabar.	Cerise, fond blanc.
Victoire (la).	Rose cramoisi, fond blanc.
Victorine.	Amaranthe, fond blanc soufré.
Violet charmant.	Violet, fond blanc.
Violet sublime.	Violet fond blanc.
Violette brodée.	Violette, fond blanc soufré.
Violette en prune.	Violette, fond blanc soufré.
Virginie.	Rose fond blanc.

X.

Xénophon.	Rose cerise, fond blanc.

Z.

Zémire.	Rose carmin , fond blanc.
Zénobie.	Bizarre , fond agathe.
Zénocrate.	Rose , fond blanc.
Zoé.	Amaranthe fond blanc.

ALLÉGORIES ET NOUVELLES SUR LA TULIPE.

LA ROSE ET LA TULIPE,
OU LES DEUX SŒURS.

Cultivées avec une égale sollicitude, deux jeunes filles de Flore étalaient, dans un brillant jardin, l'une son éclat, sa fraîcheur, et son parfum délicieux : c'était la rose ; l'autre, ses couleurs éblouissantes et sa corolle éclatante : c'était la tulipe. Fleurs chéries, elles occupaient le loisir de deux petits êtres charmants, de deux jeunes vierges, tendres fleurs aussi, confiées, à leur tour, aux soins de l'Expérience, jardinier qu'on dit fort habile ! Rose était le nom de l'une des deux sœurs, et, par un singulier rapprochement, c'était celle aussi qui affectionnait exclusivement la culture de la rose. Flore se montrait, au contraire, toute passionnée pour la beauté majestueuse de la tulipe.

Un œil observateur eût de suite parfaitement

saisi tous les rapports qui existaient entre les deux fleurs et les jeunes filles qui les cultivaient. Rose avait en partage toute la grace, les dehors séduisants, le frais et vif incarnat de la rose. Ses qualités aimables, ses vertus touchantes offraient l'emblème du parfum suave qui distingue la reine des fleurs. De son côté, Flore rappelait à merveille, par la noblesse de ses manières, la fierté de son maintien, l'orgueilleuse symétrie de ses poses, la froide majesté de la tulipe; et de même que cette fleur, toute belle qu'elle soit, est privée d'odeur, de même aussi la jeune Flore ne possédait aucun de ces agréments de l'esprit, de ces dons du cœur qui font le charme de l'existence.

Bien que le caractère des deux sœurs différât si essentiellement, cependant elles se trouvaient encore presque toujours d'accord; la meilleure intelligence régnait entre elles; qu'il arrivât à Rose, chemin faisant, de faire l'aumône au premier pauvre-diable venu, jamais Flore n'y trouvait à redire, et ne blâmait un acte de générosité dont son cœur était incapable. Assez fréquemment, vaine de sa beauté, Flore regardait avec dédain tout ce qui ne souriait pas d'abord à son imagination, et traitait même, sans égard, la vieillesse pour peu qu'elle fût indigente et laide.

Eh bien! Rose, quoique son ame fût secrètement révoltée, ne se permettait pas le plus petit murmure. On peut conclure, de là, que Flore ne savait pas rendre justice au mérite de Rose, non plus qu'apprécier ses qualités; et que Rose, à son tour, avait la prudente discrétion de n'éclairer pas sa sœur sur ses défauts et ses mauvaises habitudes. Hélas! cette expérience qui, l'avons-nous dit, guidait nos deux jeunes filles, déguisée sous les traits d'une mère jeune et tendrement aimée, n'avait rien de bien austère; son indulgence même était extrême; aussi, la leçon que devait enfin recevoir l'orgueilleuse Flore, ne pouvait venir de ce côté. On la dut au hasard.

Un jour que nos deux sœurs s'en allaient gaiement rendre visite à leurs fleurs favorites, au moment de pénétrer dans le bosquet qui les recèle, un bruit soudain se fit entendre. Muettes de surprise, Rose et Flore s'arrêtent subitement. « Qu'est-ce, dit l'une d'elles, et quelle voix se fait entendre? Prêtons l'oreille; eh mais! ma sœur, tu ne devines pas quelles sont ces petites babillardes qui viennent si singulièrement exciter notre curiosité? Ce sont nos deux fleurs qui causent entre elles. Oui-dà! reprit Flore, en s'avançant encore; en effet, voici mademoiselle ta rose qui babille comme une véritable pie; et si je ne me trompe même, son ton est passablement railleur. Quoi! tu trouves? répliqua Rose; mais tu ne vois donc pas que ta tulipe se fâche tout rouge, en affectant de grands airs qui ne sont pas aimables du tout? Au surplus, faisons silence et mettons-nous au courant de leur conversation.»

(Ici commence le dialogue des deux fleurs.)

LA ROSE.

Oui, c'est, ma sœur, comme j'ai l'honneur de vous le dire: vous éblouissez par votre éclat; mais, par votre orgueilleuse fierté, vous repoussez presque aussitôt ceux qu'attirait, près de vous, votre beauté. Les charmes ne sont rien, ou, pour mieux dire, ils ne sont qu'un don bien funeste, s'ils ne se trouvent accompagnés de cette affabilité, de cette douceur touchante qui leur donnent seules du prix.

LA TULIPE.

Oui-dà, ma sœur, il vous convient bien de parler de douceur et d'affabilité, vous qui prenez en ce moment avec moi un ton si doctoral; il se peut que j'aie l'air fier, les manières hautaines, les gestes dédaigneux; mais je m'estime beaucoup mieux, telle que je suis, que vous avec vos façons soi-disant aimables et gracieuses, et qui ne sont au fond que communes et bourgeoises. Car, avec votre petit air doucereux et presque sentimental, vous avez, grace à vos épines, de petits moments d'humeur qui ne sont pas fort aimables; et, comme on dit, chez vous *l'épine se cache sous la fleur.*

LA ROSE.

Mais, en vérité, je vous admire, à mon tour, de répondre à de sages conseils par des critiques et des satires.

LA TULIPE.

Ah! ma sœur, quand vous vous y mettez, vous êtes aussi par trop *piquante.*

LA ROSE.

Eh bien! soit, apportons du calme dans nos discussions, et causons en amies. Vous trouvez mes reproches amers, mais vous ne réfléchissez pas que, non seulement vous avez tous ces vilains défauts que je signale en vous, mais qu'en outre vous les transmettez à ceux qui vous approchent; votre exemple est évidemment contagieux; on vous prend pour modèle.

LA TULIPE, *vivement.*

Et qui donc, s'il vous plait?

LA ROSE, *avec calme.*

Qui! Eh mais! la jeune Flore (*mouvement de*

surprise de Flore). Depuis que cette jeune fille vous soigne et vous cultive, de douce, d'aimable, de caressante qu'elle était, elle est insensiblement devenue fière, impérieuse et froide ; comme vous, elle possède de la beauté ; mais, comme vous, son aspect parle aux yeux, sans rien dire au cœur ; on la voit, ainsi que vous, tenir sa tête élevée ; à votre exemple, elle voudrait primer toutes ses compagnes : aussi, de même que l'amateur vous isole et vous tient à l'écart, dans son jardin, parcequ'il sait que vous exigez des soins infinis, et que vous ne sauriez vivre en bonne intelligence avec vos rivales, de même la jeune fille qui prend à tâche de se modeler sur vous, coûtera-t-elle, plus tard, bien des larmes à sa mère. Elle est belle, oui sans doute ; mais elle ne fait rien pour se rendre aimable. Aussi, comme le vôtre, son règne sera trop court. Le dédain, l'indifférence, le mépris, voilà le partage inévitable de tous ceux qui l'approchent ; mais l'illusion sera pour elle de bien courte durée ; Flore ne tardera pas à se voir délaissée par une société aux yeux de laquelle sa vanité la rend déja insupportable. Son esprit nous semble nul en quelque sorte ; son cœur ne s'ouvre point aux émotions douces et délicates ; et c'est un grand malheur pour elle :

les êtres sensibles sont, en effet, les seuls heureux. »

On ne saurait se faire une idée de la surprise des jeunes filles en entendant un colloque
aussi extraordinaire; Flore sur-tout avait rougi
vingt fois; mais enfin elle se trouva tellement
troublée que des larmes coulèrent en abondance
de ses yeux. Rose, croyant la calmer, lui proposa
de fuir ce bosquet, où l'on venait recevoir des
complimens si peu flatteurs. Non, non, reprit
Flore, je veux rester; et ta rose, je commence à
le croire, n'avait pas si grand tort. Mais n'en-
tends-je pas la voix de ma chère tulipe? chut:
écoutons.

LA TULIPE, *à la rose.*

Ma sœur, je l'avoue à regret, vous avez raison;
la petite Flore se rendra malheureuse en me pre-
nant pour modèle. Je ne fais, quant à moi, que
suivre la voix de la nature et accomplir ainsi
ma destinée; mais ma protectrice avait tort de
s'abandonner volontairement à des habitudes qui
ne tarderaient pas à dégénérer en un penchant
impérieux et irrésistible.

LA ROSE.

Parbleu, ma sœur, embrassons-nous; je suis
ravie de vous entendre enfin parler raison. Ainsi

vous tombez d'accord qu'il serait à desirer que Flore ressemblât à sa sœur. En effet Rose, en même temps qu'elle est jolie, se montre douce, aimable envers tout le monde, complaisante pour la vieillesse, généreuse pour la pauvreté. C'est, en un mot, un petit ange de naïveté, de candeur et de gentillesse. La reconnaissance des tendres soins qu'elle me prodigue peut ajouter à l'amitié que j'ai pour elle, mais ne saurait dicter mes éloges.

LA TULIPE.

Pour se faire admirer, il faut que Rose ressemble à Flore.

LA ROSE.

Et que Flore ressemble à Rose pour se faire aimer.

Les deux fleurs avaient à peine achevé ces derniers mots que Flore se jeta dans les bras de sa sœur.... « Tiens, Rose, allons trouver ma mère; allons tout lui conter.... La leçon que je reçois, aussi imprévue qu'extraordinaire, vient de se graver dans mon cœur en traits ineffaçables.... Pour être aimable, et pour plaire, je prendrai ma sœur pour modèle. »

LE RÈGNE DE LA TULIPE.

CONTE.

Un ouragan furieux venait de m'éveiller plus tôt que de coutume; loin de murmurer contre l'inhumain qui m'arrachait aux douceurs du repos, je quittai mon lit, et, m'habillant à la hâte, je descendis à mon jardin. Il faut me consoler, disais-je, à toute chose malheur est bon. Il ne m'arrive guère de saluer, à son lever, l'astre bienfaisant au feu duquel je dois la richesse de mon parterre. C'est un hommage que j'aurais dû lui rendre dès long-temps. O mes fleurs, chers trésors! je vois d'avance vos têtes s'incliner respectueusement à ses premiers regards; votre sein s'épanouit à ses premiers rayons... Eh! quoi!... quel spectacle étrange!... Un désordre affreux règne autour de moi! Ces tiges que j'aimais à voir se balancer si mollement, s'agitent avec violence; les fleurs s'entrechoquent et la terre est, à leurs pieds, jonchée de pétales; plus loin l'aubépine gémit en se voyant dépouillée de ses fleurs virginales; un murmure général se fait entendre de toutes parts; à quel

nouveau malheur êtes-vous donc réservées? Par-
lez: répondez-moi. Qui peut causer, chez vous, ce
trouble si funeste? Et vous, mes tulipes bien-ai-
mées, qu'avez-vous fait de vos riches couleurs?
Vos tiges restées nues, sont couchées vers la terre.
Ah! malheureux que je suis, j'aurais dû prêter
un appui à votre faiblesse; on ne me répond rien;
les murmures continuent et bientôt une verdure
monotone va succéder à l'émail éclatant, dont
mes yeux étaient, hier encore, charmés. Triste et
pensif, je me laissai tomber sur un banc de gazon,
déplorant la perte de ce que j'aimais le plus au
monde. Tout-à-coup, avec un soupir qui semblait s'échapper du sein de la terre, une odeur
suave se répandit autour de moi; j'écartai le gazon
et vis l'humble violette que sa modestie avait pré-
servée de l'injure des vents. — Vous soupirez,
lui dis-je; eh! pourquoi donc vous plaindre, quand
vous voyez vos sœurs en proie aux plus vives alar-
mes; plus heureuse qu'elles, n'avez-vous pas été
respectée? — Si je plaignais mon sort, je n'aurais
pas droit d'être comparée au sage, mais c'est pour
mes sœurs : leurs malheurs m'affligent; c'est sur
elles que je pleure, et quand je songe à l'amitié
qui les unissait si étroitement, je ne puis, d'un œil
indifférent, les voir désunies peut-être pour ja-

mais. Oh! les passions, les passions! Sans elles, la
plus douce paix régnerait encore ici, et chacune
de nous, mon cher maître, chercherait à vous
plaire, comme dès le passé. Ce langage me sur-
prit. Quoi! m'écriai-je, les filles de la nature ont
aussi des passions! J'avais cru, en leur consacrant
le reste de mes jours, ne plus revoir ces tyrans de
la société. — Ecoutez-moi, mon cher protecteur;
je n'ai pas long-temps à rester près de vous, je vais
donc vous instruire, en peu de mots, des circons-
tances qui ont amené les troubles que cette nuit
a vus éclater. J'étais étonné de plus en plus; j'é-
coute et la violette poursuit ainsi : « Vos poëtes,
même les plus anciens, disposant à leur gré d'une
couronne, ont, de tout temps, pris la rose pour
reine des fleurs. Il n'en est pas ainsi de nous; plus
anciennes que la poésie, et plus constantes que
les hommes, nous n'avons jamais cessé de reconnaître la tulipe pour notre souveraine; en effet,
la richesse et l'éclat de ses couleurs semblaient
commander le respect et l'admiration; chacune
de nous lui restait soumise; et, d'âge en âge, la
famille des tulipes n'avait pas cessé de recevoir
nos hommages. Un jour, (il m'en souvient encore) c'était au temps où les hommes célébraient
par des jeux la fête de notre divine protectrice,

la reine voulant aussi plaire à la déesse tutélaire, sous les auspices de qui elle exerçait son doux empire, donna une fête brillante où toutes les fleurs furent invitées. Toutes s'y rendirent ; la simple paquerette n'avait pas même été oubliée. Chacune de nous, ainsi que vous le pouvez croire, était richement parée, et moi-même, cédant cette fois au desir de briller, j'avais mis, pour ce jour, une robe pourprée des plus belles. Vers le soir, la déesse vint nous honorer de sa présence ; son époux la suivait. Après que la tulipe eut, au nom de toutes, fait son compliment d'usage aux divins époux, le galant Zéphire, qui sait parfaitement ce qu'on doit à notre sexe, se mit en devoir de nous présenter tour-à-tour son hommage. Chaque fleur fut ainsi caressée ; un doux frémissement se fit entendre dans tout le parterre ; la *Belle de nuit* qui s'était tenue cachée jusqu'alors, s'éveilla en sursaut et fit briller un vif incarnat qui contrastait visiblement avec la blancheur de la *Rose*, sa voisine ; celle-ci était vêtue simplement ; mais sa beauté, ses formes arrondies, et sa tournure qui peignait, à-la-fois, le mélange de la candeur et de la volupté la plus pure, n'échappèrent point à l'œil amoureux de Zéphire. Il se balançait légèrement, semblait ne plus vouloir quitter la place, et ma timi-

de sœur inclina mollement sa tête, ouvrit en rougissant son calice aux baisers brûlants de l'im-
mortel. « Ah ! puissiez-vous, dit Zéphire, conserver
toujours cette aimable rougeur, qui sied si bien
à la pudeur craintive ! Quels nouveaux charmes
elle prête à vos attraits !... » Il n'en fallut pas davantage ; les moindres desirs des dieux sont des
ordres sur la terre ; depuis ce temps, je n'ai jamais
vu ma sœur sans ce doux coloris qui, véritablement, ajoute encore à sa beauté. Après avoir fait
ses adieux à la rose, Zéphire rejoignit son épouse ;
et ces divinités remontèrent dans les airs, au
milieu des parfums que chacune de nous avait
apportées pour les encenser ; alors la fête cessa.
Chaque fleur reprit la place qu'elle avait coutume
d'habiter ; et moi, les yeux encore éblouis, je re-
vins me blottir sous l'herbe, pour réfléchir, tout à
mon aise, sur ce qui venait de se passer. Le len-
demain, j'allais rendre visite à la reine lorsqu'en
passant près de la rose je crus entendre parler,
et je reconnus la voix de Flore qui grondait for-
tement ma sœur. Une touffe de gazon était près
de là, je m'y cachai, pour n'être point aperçue,
et j'entendis la déesse parler en ces termes à la
rose : « Crois-tu, fille ingrate, qu'un seul de tes
mouvements ait échappé à mes yeux ? Je n'ai que

trop sujet de me plaindre de toi : j'ai tout vu, tout entendu, tu dois désormais tout attendre de ma haine.—Ah ! déesse, reprit la rose, ne m'accablez pas du poids de votre courroux, j'ai rougi moi-même en.... — Eh ! c'est cette rougeur qui fait, à mes yeux, ton plus grand crime ; devais-tu partager une flamme adultère ; devais-tu recevoir ainsi les caresses de mon coupable époux ; va, conserve-la cette rougeur qu'un pouvoir subalterne m'empêche de t'ôter, mais c'est ce même éclat qui fera ton malheur ; tu plairas, tu séduiras peut-être, mais ton règne sera de courte durée ; les vents, la pluie, la grêle, les frimas et les ardeurs de l'été, tout conspirera contre toi, tout me vengera de ton coupable amour ; la beauté elle-même te portera envie ; enfin, pour comble de maux, tu seras sans cesse persécutée par les hommes qui t'arracheront, à peine éclose, à ta tige, pour t'offrir, en holocauste, à l'objet de leur idolâtrie. Adieu ! je te maudis à jamais !.» En disant ces mots, la déesse disparut ; hélas ! Je me préparais à consoler ma pauvre sœur, quand l'amoureux Zéphire survint tout-à-coup. Intimidée par sa présence, je n'osais me montrer encore ; et je devins, sans le vouloir, la confidente des amours de ma sœur. Le dieu se mit à folâtrer autour d'elle, et la couvrant de ses baisers, fit passer dans ses sens la moitié du feu qui l'embrasait; la fleur alors n'écoutant plus que la voix de son amant, relève avec fierté sa tête abattue par le chagrin et défiant la colère céleste, elle ouvre son sein, s'abandonne aux caresses du dieu, et l'air est embaumé de leurs soupirs confondus; mais bientôt ma sœur réfléchissant à l'énormité de sa faute, s'arrache avec force des bras de son amant : « Fuyez, lui dit-elle, fuyez. laissez-moi; vous aimer est un crime; vous voir est un écueil que je ne saurais braver; cessez de me prodiguer ces marques d'un amour qui peut me mériter tous les maux dont je suis menacée. Demain hélas! une main vengeresse viendra m'arracher de ces lieux, où je goûtais naguère le calme si doux de l'indifférence; demain peut-être payerai-je de ma vie l'imprudence de vous avoir aimé. » Le Zéphire savait tout; mais, trop léger de son naturel, il n'a jamais rien de bien consolant à dire à la beauté qu'il afflige; or, pendant que la rose lui tenait ce langage, ce dieu couvrait les membres de son amante d'une foule d'aiguillons; ceci fait, il se contenta de lui dire, en voltigeant: «Reposez-vous sur moi, ma chère, du soin de votre défense; malheur au profane qui oserait maintenant porter la main sur vous»; puis il fit deux ou trois pirouettes, autant de bonds sur l'herbe, et disparut à tire-d'aile. Il était déja loin, que la rose admirait encore son nouveau costume; et moi, fort étonnée de la voir ainsi revêtue, je m'approchai pour contempler son armure. — Quoi! me dit-elle, vous ici, ma sœur; et, depuis quand, s'il vous plaît? — Épargnez-moi cet aveu, je vous prie; qu'il vous suffise de savoir que j'ai plaint votre sort, pour l'envier l'instant d'après; mais, croyez-bien que je ne trahirai point les secrets dont le hasard m'a rendue dépositaire. — Dites-moi donc, chère sœur, que pensez-vous de tout ceci? que signifient ce coloris, ces aiguillons dont le dieu m'a gratifiée? — Ah! ma sœur, vous êtes destinée à donner de grandes leçons à l'humanité; c'est un avantage, si vous m'en croyez; chacun a son amour propre, et moi-même, malgré mon austère sagesse, je me plais à m'entendre citer pour modèle au fat ignorant; voyez, lui dit-on :

> Dans vos bosquets la simple violette
> A l'ombre se plaît à fleurir;
> Elle se cache sous l'herbette,
> Mais son parfum la fera découvrir.

Un semblable éloge vaut bien les honneurs qu'on rend à quelques unes de nos amies; mais j'en re-

viens à vous, ma chère ; votre coloris n'apprend-
il pas à la beauté que son plus bel ornement est
la pudeur. Et ces aiguillons, dont vous voici armée de pied en cap ! Si demain cette main vengeresse dont vous redoutez l'approche, venait vous
séparer de nous, ces aiguillons n'apprendraient-
ils pas à l'homme indolent que, depuis que la rose
a ses épines, il n'est plus de plaisirs sans peines. —
Je suppose, ma bien-aimée, que ces dards que
vous nommez épines, me préservent des injures
des hommes ; qui défendra ma tête contre les ou-
trages du temps ? Avez-vous entendu la déesse ? « les
vents, la pluie, la grêle, les frimats, les ardeurs
de l'été, tout conspirera contre toi. » — Eh bien !
usez un peu de philosophie ; voyez la beauté qu'on
se plaît à comparer à vous, n'a-t-elle pas aussi
qu'un instant pour briller ? allez, ma chère, si le
sort vous fait tomber dans les mains d'une fem-
me aimable, votre exemple lui dira : « Profite de
tes beaux ans ; comme moi tu n'auras qu'un printemps. Compte peu sur tes attraits, un jour peut
les flétrir. » Tous mes discours firent sur ma compagne un effet bien différent de celui que j'atten-
dais ; j'avais voulu apporter quelques adoucisse-
ments à ses peines, mais la malheureuse, inter-
prétant mal mes leçons, se laissa entraîner par

l'orgueil, et je remarquai que ses adieux étaient
déja très froids. Depuis lors, elle ne parla plus à
personne; si quelqu'une de nous s'approchait d'elle,
la rose la déchirait indubitablement par ses épines; je cessai de la voir, mais toutefois je l'aimai
toujours, et l'aime encore; car un fol amour a pu
seul l'égarer. (Ici la violette poussa un soupir et
je respirai de nouveaux parfums.) Nous appro-
chons, reprit-elle, du dénouement; vous allez voir
ce que peut la vanité dans un cœur novice et chez
une tête légère. Fière de ses attraits et de faveurs divines qu'aucune de nous ne partageait ,
la rose conçut l'insensé projet de renverser notre
gouvernement et de se faire nommer reine. Je
n'avais jamais cessé de me rendre tous les matins,
au bosquet où je l'avais surprise le premier jour ;
et là, demeurant toujours cachée, j'écoutais les
doux propos des deux amants, lorsqu'un jour j'entendis qu'elle disait à voix basse, en s'adressant au
dieu : « Vous m'avez donné ce coloris qui vous
plaît, ces épines qui me conservent pour vous;
jusqu'ici, vous avez tout rapporté à vous-même ,
sans rien faire encore pour moi. Voyez ces boutons
naissants; ces gages de notre amour ne réclament-
ils pas votre appui, quand bientôt j'aurai cessé
de vivre. Que fait cette tulipe sur un trône mal af-

fermi?Croyez-vous que l'amante d'un dieu n'y pourrait prétendre ? Voulez-vous que j'aille sans cesse courber la tête devant elle. Ces épines, que je porte, ne semblent-elles pas faites pour défendre une couronne que la plus faible de nous pourrait, sans danger, disputer à celle qui la porte. — Je n'ai rien à vous refuser, reprit le dieu, demain vos vœux seront exaucés ; demain une assemblée des notables de ce parterre sera convoquée ; je me charge d'indisposer les esprits contre la reine actuelle, car je puis tout ce qui vous plaît ; et, puisque vous préférez l'éclat d'un trône à l'ombre protectrice de ces bosquets chéris, demain, vous serez reine ; mais peut-être alors l'éclat des grandeurs vous fera-t-il oublier notre amour. C'était déja trop raisonner pour Zéphire ; il s'éloigne avec la rapidité de l'éclair, sans attendre de réponse ; et laisse la rose enivrée d'espérance. J'attendis, tout le jour, le signal de cette funeste révolution qui devait précipiter la tulipe du trône de ses aïeules ; le soir, je retournai vers la rose et vis arriver le Zéphire un instant après ; je me trouvais initiée dans ce noir complot, aussi nulle autre que moi n'aurait pu reconnaître l'époux de Flore. Ce n'était plus ce dieu charmant, badinant sans cesse, alors même que son amante lui parlait sentiment ; il avait pris les habits de Borée; ses cheveux, redressés sur sa tête, me firent frémir; je présageai, dès lors, toutes les calamités dont l'empire allait être accablé: « Est-ce bien vous, s'écria la rose? — Oui, c'est moi, reprit le dieu; voyez ce que mon amour pour vous m'a fait entreprendre; je ne me connnais plus moi-même, mais le sort en est jetté, je pars: adieu, dans un instant vous apprendrez de mes nouvelles. »

En disant ces mots, il s'éloigne avec fureur, traverse le parterre, souffle dans le sein de chaque fleur les poisons de la jalousie, leur inspire le desir d'être reine, démontre à toutes leurs droits à la souveraineté, et toutes aussi prêtent l'oreille à la voix de la flatterie; chacune se croit née pour le trône, et vante, tout haut, son mérite; les amours-propres se trouvent froissés, les têtes s'échauffent, le dieu perturbateur redouble d'efforts; enfin, ce peuple, hier encore, si paisible, lève l'étendard de la révolte, et tout ce qui porte le nom de tulipe est méconnu et renversé.

Ni le calme de la Nuit, ni les pleurs de l'Aurore n'ont appaisé les factieux; votre présence même n'a pu les faire rentrer dans l'ordre, et sans le profond respect que leur inspire le Soleil, je crois que les troubles n'auroient point encore cessé; mais les regards paternels de l'astre bienfaiteur ont, pour un instant, ramené la paix dans les esprits ; et, d'un commun accord, on est convenu que les notables s'assembleraient ce matin, pour procéder à l'élection d'une nouvelle reine. L'heure fixée pour l'assemblée a déja sonné ; souffrez donc, mon cher maître, que je vous quitte, ou, si vous le préférez, veuillez m'accompagner ; vous jouirez d'un spectacle tout nouveau pour vous ; vous ne reconnaîtrez plus ces vierges timides baissant la tête au moindre propos flatteur ; vous les verrez foulant aux pieds toutes les bienséances, ne parler que pour faire leur propre éloge.

En achevant ces mots, la simple Violette entr'ouvrit l'herbe et prit le chemin de l'assemblée, je la suivis à travers les allées, et nous arrivâmes à un bosquet où l'on avait eu soin de disposer des caisses pour recevoir les candidats. La Tulipe, l'air défait, l'œil abattu, occupait encore ce trône auquel bientôt elle allait renoncer ; à ses pieds était *l'Oreille-d'Ours*, chargée d'écouter et de reproduire les discours des orateurs ; à gauche du trône, brillait l'éclatante *Pivoine* ; la modeste *Giroflée de Mahon* occupait la droite ; elle aidait la reine de ses sages conseils. Les autres fleurs, en leur qualité de membres, remplissaient les deux côtés des tribunes. On remarquait, près de la *Pi-*

voine, la *Couronne impériale*, l'*Anémone*, l'*Hortensia*, le *Laurier rose*, la *Renoncule*, l'*Immortelle*, la *Reine-Marguerite*, et plusieurs autres inodores, tandis que *la Rose* rayonnante d'espoir, *le Lis*, l'*OEillet*, *le Jasmin*, *la Jonquille*, l'*Iris*, *la Tubéreuse* et *la Pensée*, près desquelles vint se placer *la Violette*, embaumaient le côté opposé de mille parfums divers.

La séance était ouverte quand nous arrivâmes ; je n'entendis pas les discours de plusieurs orateurs, entre autres celui de la reine ; ce qui me chagrina, car je prenais à ses destins le plus vif intérêt... L'*Immortelle* se trouvait alors à la tribune ; j'observai le plus profond silence pour l'écouter : « Oui, mes sœurs, disait-elle avec une émotion très visible, il importe de mettre ordre, pour l'avenir, aux scènes cruelles de cette nuit ; j'ai patiemment écouté tous ceux de mes collègues qui, du haut de cette tribune, ont fait avant moi, leur éloge ; mais quand le *Lis*, étalant sa blancheur, déroule à vos yeux tous ses titres, quand par exemple, il vous apprend que Clovis reçut du ciel un bouclier empreint de fleurs de lis et que, plus récemment saint Louis le portait dans un chaton, il oublie que ce monarque y avait joint *la Reine-Marguerite* ; sur ce point, notre sœur pourroit donc avoir les mêmes prétentions; ainsi voilà de nouveaux sujets de dissensions. Quand *l'Amaranthe*, *la Pivoine* et *la Giroflée* vous vantent l'éclat de leurs couleurs, jetez un coup d'œil sur la *Couronne impériale*, et les premières ne seront plus rien à vos yeux. En vain *l'Anémone* cherche à émouvoir vos cœurs en vous rappelant les douleurs de Vénus aux larmes de laquelle elle dut le jour. *L'Iris*, plus éclatante des couleurs du prisme, n'a-t-elle pas les mêmes droits; mais l'Iris est la messagère des dieux, et nous avons besoin d'une reine qui ne quitte pas ses états. Les parfums de *la Tubéreuse* ne vous ont-ils pas fait oublier, en un instant, l'odeur suave dont mon frère *le Jasmin* voulait charmer vos sens? Que pourriez-vous décider entre *la Pensée* qui vous haranguait tout-à-l'heure, et la simple *Violette* qui n'ose se montrer? Sans doute le velouté de la première à du fixer vos regards; mais le vrai mérite et la modestie dont la seconde est l'emblême, réclament votre suffrage. Vous laisserez-vous séduire par l'or qui resplendit sur *la Renoncule* et *la Jonquille*; mais tout cela n'est que clinquant, et *le Bouton-d'Or* pourrait vous offrir de véritables richesses; mais les trésors des uns ne font pas le bonheur des autres, ils causent souvent

même le malheur de ceux qui les possèdent. Je pourrais vous citer pour exemple, *le Souci;* l'avez-vous vu sourire, un seul instant, depuis qu'il est devenu possesseur d'un trésor. Toujours sombre, il fuit nos caresses, et croit voir dans chacune de nous, une main avide prête à lui ravir son idole. Enfin, mes sœurs, je pourrais encore déjouer d'avance les prétentions des orateurs qui vont se faire entendre après moi; mais j'ai de votre jugement, une idée trop avantageuse pour croire qu'il soit nécessaire de vous faire sentir quelle importance vous devez mettre à l'élection d'une souveraine qui puisse raffermir un trône ébranlé. Gloire, couleurs, parfums, richesses, tout disparaît avec les beaux jours; vous avez donc besoin d'une reine, qui assure, en vous survivant, un sort à vos enfants, et maintienne nos lois jusques dans les siècles à venir : ainsi, je conclus...
—C'en est assez, reprit l'*OEillet*, en s'élançant de sa place; moi je conclus de tout ce beau discours que votre intérêt vous occupe ici plus que le nôtre. Tout, dans cet empire, doit finir avec les membres qui le constituent; prenez moins de soucis de l'avenir; le créateur a réservé de nouveaux rois, pour de nouveaux siècles. Les mœurs, les usages, tout change avec le temps, et notre

postérité serait bien à plaindre, s'il ne lui pouvait être permis de redresser les erreurs que nous aurons laissé subsister dans notre code actuel. Vous nous objectez la fragile durée de notre vie; mais la mort, que souvent nous trouvons sur le sein de la beauté, n'est-elle pas mille fois préférable à l'éternelle monotonie de votre existence. Vivre comme vous, c'est être mort, pour ainsi dire; il fallait que je vous entendisse parler aujourd'hui, pour vous croire animée d'un sentiment quelconque. En effet, vingt fois j'ai passé près de vous, que votre insensibilité et votre sécheresse me faisaient douter que vous respirassiez. Ah! si, comme moi, sans posséder même ces vives couleurs ou ce brillant panache, vous exhaliez au moins un doux parfum, vous pourriez élever quelques prétentions. Tout en prononçant ces mots, l'OEillet montait à la tribune, lorsque *le Laurier rose* l'arrêta, et gravissant les dégrés avec la rapidité de l'éclair, harangua l'aréopage en ces termes : « Pardon, mes sœurs, si j'interromps l'orateur, mais j'ai voulu lui épargner les reproches que lui-même adressait à *l'Immortelle.* D'ailleurs, vous n'oubliez pas qu'il existe, dans la famille du prétendant, certain cousin qu'on nomme à bon droit *OEillet d'Inde,* et vous rou giriez, je pense, qu'un accident imprévu vous fît passer sous la domination de cet ignoble successeur. Je n'ai jusqu'ici entendu aucun orateur dont le discours n'ait été dicté par l'ambition. Eh! quels droits, s'il vous plaît, ont-ils de régner sur nous. Des parfums, des couleurs, les voilà tous ces droits! Fi de ces rois efféminés! l'état a besoin, en ce moment, d'un bras qui lui prête un ferme appui; je vous offre mes services; ouvrez les pages de l'histoire et vous trouverez mon nom inscrit aux fastes de la gloire. C'est à moi qu'il appartient de dire avec César:

« Un soldat, tel que moi, peut aisément prétendre... »

A l'ordre! à l'ordre! s'écria *l'Hortensia*, en interrompant *le Laurier rose*, vous êtes un imposteur; allez entretenir de votre prétendue gloire ceux qui ne vous connaissent pas; quant à moi, je sais quelle est votre origine, en vain vous flattez-vous d'appartenir à l'illustre famille des *Lauriers*, ce titre de *Laurier rose* ou *Laurose*, dont vous vous parez, n'empêche pas que la pâleur qui couvre quelquefois votre visage, ne trahisse l'humble Nérion. Le faux *Laurier*, foudroyé par ces paroles, n'osa répliquer; il abandonna donc la tribune à *l'Hortensia*. Celui-ci, d'une voix alors plus calme, poursuivit ainsi : «Je ne viens, à mon tour, mes sœurs, vous offrir ni mon bras, ni mes services ; je fais, en cet instant, entière abnégation de moi-même, pour ne m'occuper que de notre malheureuse reine. Je ne vous parlerai point de ses vertus, qui vous charmèrent si long-temps, mais bien au moins de sa beauté ; s'il existe une fleur, parmi vous, qui la puisse effacer, qu'elle se présente ! qu'elle nous fasse oublier, s'il se peut, cette délicatesse, cette indéfinissable variété de nuances, de couleurs qui lui méritent les hommages des humains ; qu'elle déploie des formes susceptibles de surpasser, en perfection, les contours gracieux d'un calice, qu'on ne saurait fixer, sans en être ébloui. Eh bien, nonobstant tous ses titres au souverain pouvoir, notre reine n'a-t-elle pas souffert que plusieurs d'entre nous cherchassent à éclipser chacune de ses couleurs ? A-t-elle jamais trouvé à redire à la blancheur *du Lis*, à l'écarlate *du Pavot? la Pensée* elle-même n'a-t-elle pas impunément osé se parer de la pourpre royale ? A-t-on vu *la Tulipe* adresser aucun reproche à celles qui venaient répandre autour d'elle, avec orgueil, des parfums que la nature lui avait refusés ? Eh ! que dis-je, refusés ; j'atteste ici le savant l'Écluse, que la modestie seule empêchait la reine d'user de tous ses avantages ; plus d'une fois il s'est vu attiré vers elle par les soupirs odoriférants qu'elle exhalait. Eh bien ! est-ce cette même bonté qui vous engage à la déshériter du trône de ses ancêtres?... Vous ne répondez pas. Allez, cœurs ambitieux ; le ciel a déja pris soin de la venger de votre ingratitude. Déja l'homme, plus juste que vous, met tout en usage pour adoucir ses chagrins cuisants ; déja il a préparé la tente qui doit la recevoir et lui prêter un abri contre vos persécutions et les feux brûlants de l'été ; là, séparée pour jamais de vous, elle goûtera, au sein de sa nombreuse famille, le repos et la paix qui, pour toujours, ont abandonné le trône. *La Tulipe* remercia, par un signe de tête, *l'Hortensia* de l'intérêt qu'il prenait à sa destinée, et celui-ci, trop ému pour en dire davantage, cessa de parler.

Deux candidats restaient encore à entendre et chaque membre voyant la reine abdiquer, sentait ranimer dans son cœur tous les poisons de l'ambition. La *Rose* n'avait qu'à se montrer pour charmer ; mais la *rose*, comme je l'ai dit, trop occupée du soin de plaire, avait négligé son éducation ; aussi faute de pouvoir parler, voyait-elle s'évanouir toutes ses espérances, lorsque la *Violette*, qui n'avait

rien dit encore, oubliant le mépris dont sa sœur
l'avait accablée, lui offrit de parler pour elle ; sans
attendre de remerciements, elle monte à la tribune,
et fait valoir, avec tout le feu de l'éloquence, la
beauté, les vertus, et les qualités de la rose ; la
faible voix de l'orateur ne me permit pas d'entendre distinctement ses paroles ; voici tout ce que je
pus retenir : « A dieu ne plaise, mes sœurs bien
aimées, que ma bouche ingrate veuille blâmer la
conduite d'une fleur qui n'est déjà plus que l'ombre
de la majesté. J'ai respecté les vertus de la tulipe,
autant que j'admirais sa beauté, lorsqu'elle était
sur le trône ; devenue notre égale, elle conservera
toujours ses droits sur mon cœur ; car elle a toujours la même douceur, le même éclat ; je la plains,
la respecte, et la regrette encore. Mais, je vous le
demande, que feraient ses vertus dans un siècle
où la jalousie, la haine et l'ambition se disputent
l'empire de Flore. Il nous faut une reine qui soit
et l'ornement et le soutien du trône (murmure général d'approbation), une reine dont la nombreuse famille assure à l'état une pépinière iné-
puisable de souveraines ; il n'est pas une de vous
qui ne soit forcée de convenir que la *rose* seule peut
remplir ces conditions impérieusement exigibles.
Irai-je, pour vous convaincre mieux, dérouler à

vos yeux, les fastes de l'histoire de cette nombreuse tribu qui s'étend sur toutes les parties de la terre; vous entretiendrai-je des honneurs qu'on rendit de tous temps à la rose; les dieux et les hommes ont, dès long-temps, fixé vos idées, éclairé votre esprit sur le choix qui vous reste à faire? Je n'é-tablirai d'ailleurs aucune comparaison entre l'ex-reine et celle que vos cœurs ont déja sans doute, appelée à vous gouverner. Le mérite de chacune d'elles est égal, bien que différent. La majesté de la tulipe et son éclat offrent les traits caractéris-tiques de la souveraineté; mais les belles formes de la rose, ce tendre incarnat qui la colore, ce calice à demi clos où respire la volupté, tout en elle vous commande l'amour. Mais ce n'est point assez encore; par une faveur insigne, vous voyez réunies en elle et la douceur qui convient à son sexe, et la fermeté qui garantit le trône. Que peuvent les factieux contre les aiguillons dont sa tige est armée? Et ce parfum qu'elle exhale, n'est-il pas un antidote assuré contre les passions qui déchirent votre sein; il fera passer dans vos ames, le calme qui leur devient si nécessaire. Pour ce qui est de la courte durée de son règne, ne vous en plaignez pas, mes sœurs; cette fragilité elle-même fera votre bonheur; l'approche du néant, le terme fatal des grandeurs, toujours présent aux yeux de la nouvelle reine, l'avertiront sans cesse que chaque instant qu'elle vous pourrait dérober, serait une tache à sa gloire, et qu'il lui faut enfin employer le cours du temps qui lui reste, à faire votre bonheur. Mes sœurs, croyez-m'en; que son avènement au trône cimente une nouvelle union entre vous; ne tardez plus; ce soir peut-être, ce soir, quelques unes de vos compagnes auront cessé de vivre, qu'elles emportent au moins dans la tombe les regrets de l'amitié. »

Ce discours produisit sur l'auditoire l'effet qu'en attendait l'orateur. Les fleurs s'embrassèrent; et, sans qu'on passât au scrutin, toutes proclamèrent d'une voix unanime, la rose pour leur souveraine. Quant à la tulipe, elle vint, dès le soir même, occuper avec sa famille, les tentes que je lui avais préparées; mes soins assidus eurent bientôt calmé les noirs chagrins qui la dévoraient; elle reprit sa parure et ses brillants atours; elle est enfin aujourd'hui toute consolée d'avoir perdu sa couronne, puisqu'elle a retrouvé, dans la médiocrité, cette gaieté, ce repos, et cette indépendance que nous ravissent toujours les grandeurs.

FIN.

BIBLIOTHEQUE ROYALE

TABLE DES MATIÈRES.

Avis de l'éditeur.   page   3

Origine fabuleuse et historique de la tulipe.   5

Histoire de la tulipe chez les différents peuples.   9

Description de la tulipe.   14

Beautés d'une tulipe.   18

Espèces et variétés.   22

     Tulipe des jardins.   29

     Tulipe de Cels.   32

     Tulipe dragonne.   36

     Tulique gallique.   39

     Tulipe bossuelle.   42

     Tulipe de l'Écluse.   45

     Tulipe œil-du-soleil.   48

     Tulipe des forêts.   52

     Tulipe odorante.   56

     Tulipe à pétales étroits.   61

     Tulipes à fleurs doublés, des forêts.   65

Culture des tulipes.   71

     Observations générales.   *ibid.*

     Graines de tulipes.   72

180 TABE DES MATIÈRES.

Oignons de tulipes. page 78
Fleurs de tulipes. 85
Maladies des tulipes. 92

POÉTIQUE DE LA TULIPE.

La tulipe et la violette. 98
Hommage à la tulipe. 99
Origine de la tulipe. 100
La violette et la tulipe. 102

Tulipes anciennes, les plus renommées. 105
Tulipes modernes les plus connues. 121

ALLÉGORIES ET NOUVELLES SUR LA TULIPE.

La rose et la tulipe. 147
Le règne de la tulipe. 155

FIN DE LA TABLE.